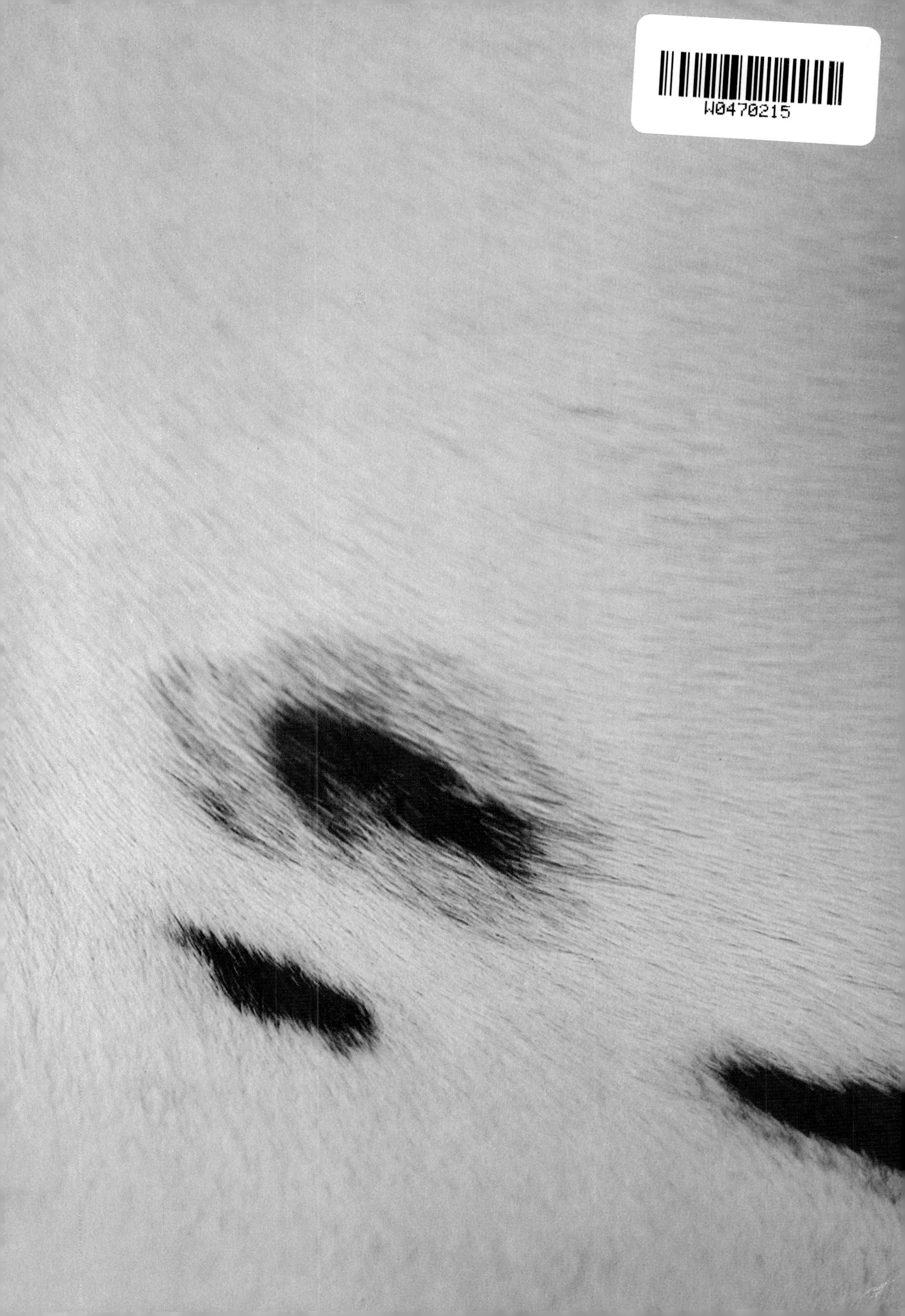

Mein Pferdehandbuch

Monika und Hans D. Dossenbach
Beatrice Michel

Mein Pferdehandbuch

Bechtermünz

Genehmigte Lizenzausgabe
für Weltbild Verlag GmbH, Augsburg 2000

Layout und Gestaltung: Sabine Meier und Robert Buchmüller
Lektorat: Urs Aregger
Umschlaggestaltung: Külen und Grosche DTP, Augsburg
Umschlagmotiv: Okapia, Frankfurt (U1), Pia Winkler (U4)
Gesamtherstellung: Neue Stalling, Oldenburg
Printed in Germany
ISBN 3-8289-5994-6

Inhalt

Von Pferden und Menschen oder Warum es dieses Buch gibt

Natürlich hat jedes Buch seine Vorgeschichte. Das Publikum erfährt sie fast nie, was eigentlich schade ist. Jedenfalls können wir uns vorstellen, daß es dich interessiert, wie es zu diesem Buch kam.

Das ist Bettina Koelliker, 14 Jahre alt. Mit ihr hat alles angefangen. Kurz vor ihrem achten Geburtstag durfte sie auf einem Pony reiten, und was zuvor noch nie passiert war, hier geschah es: Das Pony brannte durch, Bettina fiel herunter und wurde auch noch von einem Huf getroffen. Jedem anderen Kind hätte das für immer den Rest gegeben – für Bettina war es der Anfang einer großen Liebe. Wie das möglich war, versteht sie heute selbst nicht mehr.
Das ist jetzt rund sechs Jahre her. Vor einiger Zeit hat Bettina einen Bauernhof entdeckt, wo auch zwei Ponys gehalten werden.
Die Besitzer – ein älteres Ehepaar – ließen sich gern als eine Art zusätzliche Großeltern «adoptieren».

Und in Bessy, ihrem Lieblingspony, hat Bettina zwar nicht ihre einzige, aber sicher manchmal ihre wichtigste Freundin gefunden.
Dazwischen liegt die übliche «Laufbahn»: Diskussionen mit den Eltern, die natürlich überhaupt nicht kapieren, daß Reitstunden nun einmal das Wichtigste auf der Welt sind, Freundinnen, bei denen man Rat sucht und mit denen man Tips und Tricks zur Behandlung der zögernden Väter und Mütter austauscht usw.

Die jahrelange Konfrontation mit der Pferdebesessenheit seiner Tochter brachte schließlich ihren Papa auf die glänzende Idee, ein Buch für alle jungen Pferdenarren zu machen. Die Möglichkeit dazu war gegeben, denn . . .

. . . Hans-Beat Koelliker ist der Leiter des Hallwag Buchverlages, und das ist noch nicht alles, denn er behauptet auch von sich, mit Pferden aufgewachsen zu sein. Das glaubt ihm allerdings keiner so richtig; wahrscheinlich hat es in der Nähe seiner Schule früher einfach einen Pferdestall gegeben. Immerhin – um nun dieses Buch zu verwirklichen, trommelte Hans-Beat Koelliker seine besten Pferdebuchautoren zusammen zu einer Besprechung (heute nennt man das übrigens ganz «cool» «Brainstorming», was wörtlich übersetzt «Gehirn stürmend» heißt). Zu diesem Gehirnsturm fand sich auch . . .

. . . Beatrice Michel ein. Sie ist Doktorin der Zoologie (der Wissenschaft von den Lebewesen) und beschäftigt sich am liebsten mit dem Verhalten von Tieren – ganz besonders natürlich von Pferden.

Die Abschlußarbeit zu ihrem Studium an der Universität Bern schrieb sie bei einem einjährigen Aufenthalt in der Camargue, wo sie das Verhalten der weißen Hengste beobachtete. Später übernahm sie die Leitung eines Forschungsprojekts zum Verhalten von Hauseseln im Rhonedelta. Für den Hallwag Verlag schrieb sie bereits den Text für das wunderschöne Buch «So leben die Pferde». Der lange Aufenthalt in der wilden Landschaft in Südfrankreich hatte unter anderem zur Folge, daß heute in einem Offenstall in der Nähe von Bern . . .

. . . ein Camarguepferd namens Juanito lebt. Sein ganzer Name lautet übrigens «Juanito de las Pampas», was soviel heißt wie «Hänschen von den großen Weiden». Den Namen trägt er nach Ansicht von Beatrice Michel zu Recht, denn erstens ist er für einen Camarguer eher klein geraten, und zweitens hat er die ersten acht Jahre seines Lebens in der Camargue auf riesigen Weiden und in Sümpfen gelebt. Was sie an ihm besonders liebt? Seine natürlich gebliebene Pferdenatur. Auf Ausritten wird alles bemerkt und aufmerksam betrachtet; besonders angetan ist er übrigens von buntgekleideten Radfahrern. Daß er dazu allerdings immer stehenbleiben muß!

Zur eifrigen Runde gesellte sich weiter . . .

. . . HANS D. DOSSENBACH, Autor und Fotograf von über dreißig Tierbüchern, zum Beispiel «Leben im tropischen Regenwald», «Tierwelt Australiens», «Galapagos», «Das wundervolle Leben der Vögel», «Das Lexikon der Tiere» usw. Um das Material für seine Bücher zu sammeln, bereiste er alle Kontinente, und er hat die Absicht, noch lange nicht mit Reisen aufzuhören. Hans D. Dossenbach begeistert sich für Ameisen genauso wie für Gorillas, Papageien, Walrosse, Giftfrösche usw. usw. – aber seine ganz besondere Zuneigung gehört den Pferden. Immer wieder hat er sich jahrelang fast ausschließlich mit ihnen beschäftigt; er hat lange Zeit selbst Ponys gezüchtet und in aller Welt Pferde besucht und natürlich auch Pferdebücher verfaßt, darunter international erfolgreiche Werke wie «Die großen Gestüte der Welt» und «König Pferd». Für dieses Buch hier hat er die Hälfte der Texte geschrieben und viele Fotos beigesteuert.

Hans D. Dossenbach wurde in Amerika als einer der «zehn besten Tierfotografen» ausgezeichnet. 1991 erhielt er den «Georg-Fischer-Kunstpreis der Stadt Schaffhausen» – und mit dem Preisgeld sowie etwas Erspartem erfüllte er sich einen jahrzehntelangen Wunsch: Er kaufte sich . . .

. . . HANAYA RAQQAS, einen fünfjährigen Vollblutaraber. Raqqas war von allem Anfang an im Umgang ein überaus freundliches Pferd – nur vom Reiten wollte er gar nichts wissen. Sobald er gesattelt war, hatte er nur noch eines im Kopf: durchbrennen! Das war ein paarmal ziemlich abenteuerlich. Die «Wildheit» aber war nichts anderes als Angst, verursacht wahrscheinlich durch schlechte Erfahrungen. Hans Dossenbach begann nochmals ganz von vorne mit ihm, im «Kindergarten»: das Pferd putzen, am Sattel schnuppern lassen, diesen auflegen, zehn Minuten an der Hand spazieren lassen, den Sattel herunternehmen, das Pferd loben und zurück in den Stall – und so weiter, Schritt für Schritt. Nach zwei Monaten war die Angst weg, Raqqas hat Vertrauen gefaßt und kann – bei allem arabischen Temperament – mit «zwei Fingerspitzen» geritten werden.

«In jeder Beziehung das wundervollste Pferd», sagt sein Besitzer über Raqqas. Nebenbei bemerkt: Wenn Hans D. Dossenbach nicht gerade unterwegs ist, pflegt, versorgt und reitet er täglich sein Pferd selbst. Dasselbe tut auch seine Frau und Mitarbeiterin . . .

. . . Monika Dossenbach. Auch sie hat viele Ideen zu diesem Buch beigetragen und Texte bearbeitet; zahlreiche Fotos stammen aus ihrer Kamera. Ihre ersten Erfahrungen mit Pferden sammelte sie bereits in den Schulferien, im «Landdienst», mit einem Bauernpferd. Um weiterhin in der Nähe von Pferden zu sein, stand sie Morgen für Morgen in aller Frühe auf, radelte zu einem Reitstall, mistete Boxen aus und striegelte Pferde, bevor sie zur Schule fuhr. Später ritt und betreute sie Pferde von Bekannten – mit Talent zwar, aber noch immer ohne eine einzige Reitstunde. Der erste Besuch eines Western-Reitturniers beeindruckte sie so stark, daß sie sich in diesem Stil von einem Arabertrainer ausbilden ließ. Und dort sah sie eines Tages . . .

. . . Lato, einen siebenjährigen Vollblutaraber. Dessen Besitzerin wollte ihn gerade verkaufen – ein Glück für Monika. Lato war nämlich genau das Pferd ihrer Träume: ein liebenswürdiges Schlitzohr, lern- und leistungswillig, aber auch immer bereit für Schabernack, ein Kumpan durch dick und dünn. Mit ihm kann man einfach alles anstellen. Seit einem halben Jahr steht Lato im Offenstall der Dossenbachs und hat dort auch eine weitere Freundin gefunden, die kleine Bandola. Diese gehört . . .

. . . Kim Dossenbach, 12 Jahre alt. Kim hat eine blühende Phantasie und entsprechend viele Fragen auf Lager. Auf manche von ihnen wären die Autoren wahrscheinlich gar nicht gekommen, aber dank Kim stehen die Antworten nun in diesem Buch. Natürlich ist auch sie eine Pferdenärrin, aber bei ihrem Western-Reitkurs hat sie sich eher mit Mühe bis zum Ende durchgebissen.
Akrobatik liegt ihr viel mehr als ernsthaftes Reiten, und am liebsten gibt Kim mit ihrem Pony die verschiedensten Kunststücke zum besten. Aber für diese Vorliebe ist . . .

. . . Bandola genau die richtige Partnerin. Die 1,25 m hohe Stute kam aus Holland in die Schweiz, und ebenso dunkel wir ihr Fell ist ihre Vergangenheit. Nach ihrem Aussehen könnte sie ein Dartmoor-pony im neueren Reittyp sein, aber niemand weiß Näheres darüber. Das spielt aber in diesem Fall überhaupt keine Rolle. Wesentlich ist, daß Bandola kerngesund ist und einen herrlich eigenwillig-liebens-werten Ponycharakter hat. Und für Kim ist sie selbst-verständlich das absolut schönste Pony der Welt. Ihre Schwester . . .

. . . Nina Dossenbach, 14 Jahre alt, ist da allerdings anderer Meinung. Aber für sie ist auch das Reiten eine ganz andere, sehr viel ernstere Sache. Nina reitet mit seltenen Ausnahmen täglich, bei jedem Wetter. Sie mistet den Stall aus, wenn sie an der Reihe ist – während Kim solche «Nebensächlichkeiten» leicht vergißt. Nina ist fest entschlossen, einmal einen Beruf mit Pferden auszuüben, und hat auch schon eine Schnupperlehre in einem Rennstall hinter sich – sie berichtet darüber in diesem Buch. Pferderennen und Rennpferde sind für sie zurzeit das Größte.

Sie besitzt zwar keinen Englischen Vollblüter, aber . . .

. . . Balalajka ist eine Partbred-Araberstute mit 1,42 m Stockmaß. Partbred könnte man mit «Teilaraber» übersetzen; mindestens ein Elternteil war also ein reiner Araber. Balalajka hat in ihrem Stammbaum väterlicher- wie mütterlicherseits viel adeliges Blut aufzuweisen und ist – man kann das ausrechnen – ein Siebenachtelaraber.
Das Pferd ist nicht immer einfach im Umgang, aber Nina wird gerne mit gewissen Schwierigkeiten fertig. Und was Nina besonders paßt: Balalajka ist der geborene Galopper!

Das ist Robert Buchmüller. Sein Name steht zwar seit vielen Jahren fast in jedem Buch des Hallwag Verlags, aber immer nur beim Kleingedruckten, im sogenannten Impressum, und wird darum nur von wenigen zur Kenntnis genommen. Das wollen wir hier wenigstens für einmal ändern. Robert Buchmüller ist nämlich Gestalter und Buchhersteller und leistet damit einen sehr wichtigen Beitrag zum Gelingen eines Buches – auch zu diesem hier. Er arbeitet mit am Konzept, also am

Buchaufbau und an der Bildauswahl. Er wählt die Schrift aus, das Papier, er gestaltet Seite für Seite und kreiert einen tollen Buchumschlag. Robert Buchmüller *macht* also in Zusammenarbeit mit den Autoren das Buch und müßte eigentlich Buchmacher heißen.

Ihm zur Seite steht Sabine Meier. Sie ist seit einiger Zeit in der Buchherstellung tätig und hat mit viel Spaß an diesem Buch mitgearbeitet.

Und das ist Urs Aregger, der Lektor des Buches. Er spricht mit den Autoren und Übersetzern über neue Bücher, liest ihre Manuskripte sorgfältig («Lektor» kommt aus der lateinischen Sprache und bedeutete eigentlich «Leser») und kämpft mit den Druckfehlerteufeln. Wenn er seine Arbeit gut macht, merkt niemand etwas davon – ganz wie bei den Heinzelmännchen. Er kümmert sich auch um die Verlagstexte und -verzeichnisse. Sein liebstes Hobby war mehrere Jahre das Freizeitreiten, doch seitdem er Vater geworden ist, betreut er nur noch das Schaukelpferd seiner Tochter.

Zum Schluß sei aber auch noch allen andern gedankt, die sich um dieses Buch bemüht haben: dem Setzer, dem Korrektor, dem Lithografen, den Leuten von der Klein- und der Großmontage, dem Drucker, dem Buchbinder usw. – und schließlich auch dir, weil du dieses Buch gewünscht oder es dir selbst gekauft hast. Denn ohne Leserinnen und Leser gäbe es ja auch bald keine Bücher mehr.

Vom Pferdchen aus der Morgenröte zum stolzen Steppentier

Zweifellos ist die Geschichte des Pferdes schon in Dutzenden von Büchern durchgekaut worden. Trotzdem möchten wir uns nochmals damit beschäftigen. Vielleicht steht sie ja noch in keinem Pferdebuch in deinem Regal. Daß sie wichtig ist, steht außer Frage, denn welcher Pferdenarr möchte nicht wissen, wie diese wundervollen Tiere entstanden sind.

Unsere Kenntnisse über die Entstehung des Menschen sind noch immer etwas lückenhaft. Sicher ist lediglich, daß affenähnliche Geschöpfe unsere Vorfahren waren und daß dieses Geschlecht sich ziemlich machthaberisch verhielt. Daran hat sich bis heute nur wenig geändert. Über die Entwicklung der Pferde jedoch wissen wir erstaunlich viel, mehr als über jeden anderen Vertreter der Wirbeltierfamilie. Paläontologen (Forscher, die sich mit Überresten von Tieren und Pflanzen beschäftigen) und ihre Helfer (also jene, die am meisten schwitzen und am wenigsten erwähnt werden) haben unzählige Knochen ausgestorbener pferdeartiger Tiere ausgebuddelt, vermessen, geordnet und beschrieben. Aneinandergereihte Skelette oder Teile davon lassen die Ahnenreihe des Pferdes erkennen, und zwar nahezu lückenlos bis rund 50 Mio Jahre zurück – bis ins Eozän, ins Zeitalter der Morgenröte, als jenes berühmt gewordene, nur hasengroße Tierchen mit dem Namen *Hyracotherium* oder *Eohippus* sich durch das Leben schlug.

Bei der Begegnung mit einem solchen «Morgenrötepferdchen» kämest du bestimmt nie auf den Gedanken, den Urahnen aller Pferde vor dir zu haben. Das Tierchen hatte eine geduckte Haltung und wies an den kurzen Beinen Füße mit mehreren spreizbaren Zehen auf – nichts, aber auch gar nichts hätte die feurige Ausstrahlung eines Arabers vorweggenommen. Selbst die Zähne waren ganz anders: Klein und höckerig steckten sie im hasenkopfgroßen Schädel. Dieses Gebiß verrät uns, daß der *Eohippus* wahrscheinlich von Blättern und Früchten lebte und als

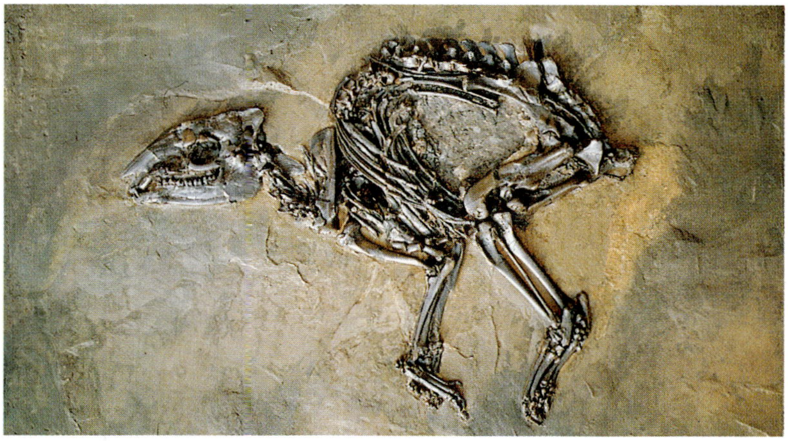

Links: Dieses Morgenrötepferdchen lebte vor rund 50 Millionen Jahren und wurde bei Messel in Deutschland gefunden. Rechts oben: Sie leben wie vor 10 000 Jahren: die «Wildpferde» der afrikanischen Namibwüste. Nächste Doppelseite: Im Naturhistorischen Museum Basel kann man die Rekonstruktion (Nachahmung) eines Urpferdchens bewundern.

Beikost wohl auch Insekten, Würmer und anderes Kleingetier zu sich nahm. Ganz anders ist ja das Mahlgebiß des heutigen Pferdes, das auf rohfaserreiche Nahrung eingerichtet ist – auf den folgenden Seiten schauen wir dem Gaul dann noch etwas genauer ins Maul.

Der *Eohippus* führte vermutlich ein verstecktes Dasein im Pflanzenwuchs der Ursümpfe. Es war ein völlig unscheinbares Geschöpf, und nichts deutete darauf hin, daß dieses Mauerblümchen einst die ganze Weltgeschichte wesentlich beeinflussen würde. Aber das Tierchen hatte ganz entscheidende Eigenschaften: einen unbändigen Expansionsdrang und die Fähigkeit, sich veränderten Umweltbedingugnen anzupassen. Seine Urheimat war Nordamerika, aber das Nomadenblut trieb es immer wieder zu gewaltigen Wanderungen an. Urpferde in verschiedenen Formen zogen nach Südamerika, wo sie allerdings dann irgendwann wieder ausstarben. Sie wanderten aber auch über die Beringbrücke, einen Landstreifen, der bis vor etwa 10 000 Jahren Alaska mit Sibirien verband. So gelangten sie nach Asien, nach Europa und sogar bis nach Afrika – die dortigen Zebras sind ihre letzten Nachkommen. Zum Glück kamen sie zu uns herüber. In Nordamerika starben die Pferde nämlich ebenfalls aus, und kein Mensch weiß warum. In Eurasien aber überlebten verschiedene Pferdeformen, die Vorfahren unserer Hauspferde.

Aber wie kam es, daß aus einem hasengroßen Buschschlüpfer ein großes, schnelles Steppentier entstehen konnte? Im Laufe der Jahrmillionen veränderte sich das Klima der Erde immer wieder. Die Ursümpfe, in denen der *Eohippus* hauste, trockneten aus. Weite Graslandschaften entstanden, allmählich Steppen und Halbwüsten. Und die Pferde hatten die Fähigkeit, sich im Laufe der Jahrmillionen diesen neuen Bedingungen anzupassen.

Spreizbare Zehen, die vor dem Einsinken im Sumpf schützten, waren nicht mehr gefragt. Die Zehen verkümmerten bis auf eine Mittelzehe mit einem harten Fingernagel, Huf genannt, denn eine kleine Auflagefläche ermöglicht höhere Geschwindigkeiten – ein schmaler Rennradpneu leistet ja auch viel weniger Widerstand als der Stollenpneu eines Mountainbikes. Im Laufe unzähliger Generationen veränderte sich so der ganze Körperbau und auch das Verhalten der Pferde.

Von Kopf bis Fuß auf Flucht eingestellt

Pferde sind sehr schnell. Sie würden bei einer Olympiade der Tiere zwar nicht Gold holen, aber für den gefeierten Sprinter-Weltrekord der Menschen von 9,93 Sekunden über hundert Meter hätten sie nur gerade ein müdes Lächeln übrig: Ein Vollblutpferd ist beinahe doppelt so geschwind!

Dem Menschen noch weit überlegener sind Pferde auf Marathondistanzen (42,2 km). Vor allem die Araberpferde und die athletischen Achal-Tekkiner laufen auf Langstrecken rund dreimal schneller als unsere Idole der Sportstadien.

Schnelligkeit und Ausdauer sind für die Entwicklung der Pferde lebensnotwendig. Ohne diese Fähigkeiten wären sie längst ausgestorben. Der ganze Körperbau des Pferdes ist auf Flucht eingerichtet. Die Beine sind lang und sehnig, die Auflagefläche der Füße besteht nur aus kleinen, harten Hufen. Die kraftvolle Muskulatur, mit welcher die Beine angetrieben werden, sitzt nicht etwa an den Beinen, sondern dicht am Rumpf. Die Kraft wird durch Sehnen auf die Beine übertragen.

Der langgestreckte Hals spielt eine wichtige Rolle bei der Erhaltung des Gleichgewichtes – er dient als eine Art Balancierstange.

Der Brustkorb ist besonders groß, denn er muß leistungsfähigen Lungen und einem starken Herzen Platz bieten. Die innere Oberfläche der Lunge, über die das Blut mit Sauerstoff versorgt wird, ist bei einem Warmblutpferd etwa

Doppelt so schnell wie ein Sprinter und dreimal so schnell wie ein Marathonläufer: der Achal-Tekkiner aus den zentralasiatischen Steppen.

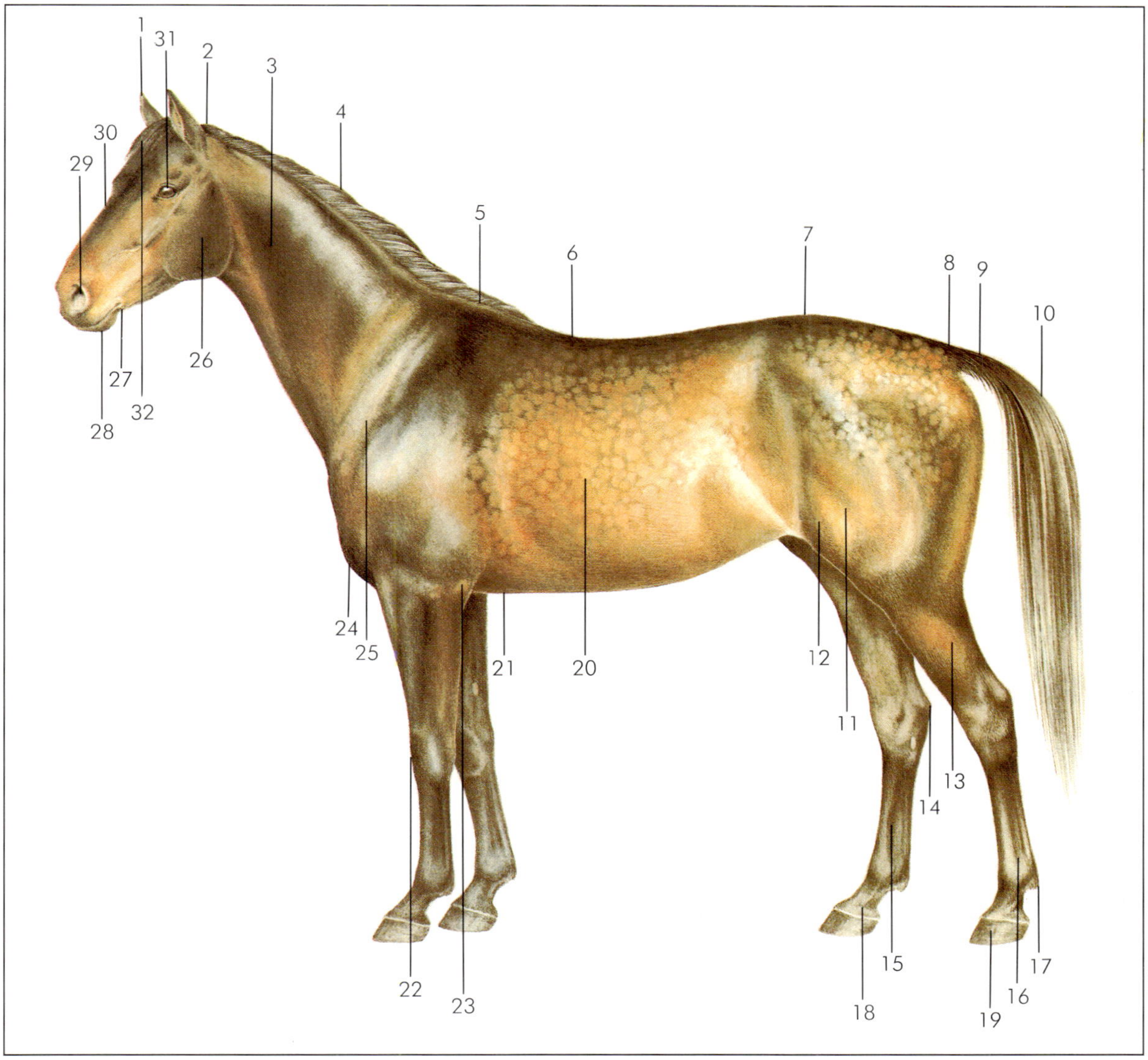

Das Exterieur

1 Ohren
2 Genick
3 Hals
4 Mähnenkamm und Mähne
5 Widerrist
6 Rücken
7 Kruppe
8 Schweifansatz
9 Schweifrübe
10 Schweif
11 Oberschenkel
12 Knie
13 Unterschenkel oder Hose
14 Sprunggelenk
15 Röhre
16 Fesselkopf
17 Köthe
18 Fessel und Hufkrone
19 Huf
20 Rumpf
21 Unterbrust
22 Vorderfußwurzelgelenk
23 Ellbogenhöcker
24 Vorderbrust oder Bug
25 Schulter
26 Ganasche und Backe
27 Kinngrube
28 Kinn
29 Nüstern
30 Nasenrücken
31 Auge
32 Stirn und Stirnschopf

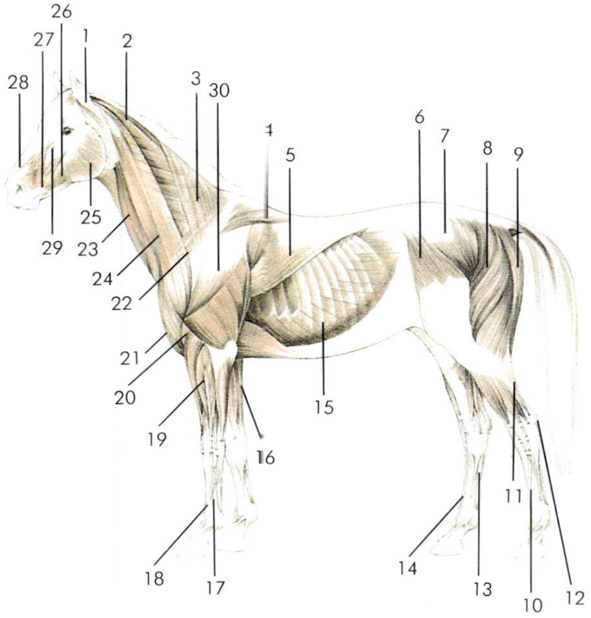

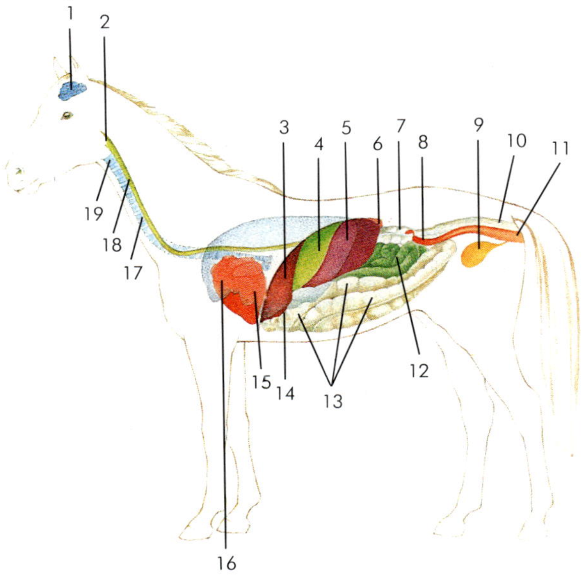

Die Muskulatur

1 Niederzieher des Ohres
2 Riemenmuskel
3 Halsportion des Kapuzenmuskels
4 Brustportion des Kapuzenmuskels
5 Breiter Rückenmuskel
6 Spanner der breiten Faszie
7 Gesäßfaszie
8 Halbsehniger Muskel
9 Zweiköpfiger Oberschenkelmuskel
10 Gemeinsame Strecksehne
11 Achillessehne
12 Oberflächliche Beugesehne
13 Tiefe Beugesehne
14 Gemeinsame Strecksehne
15 Äußerer schiefer Bauchmuskel
16 Innerer Ellbogenmuskel
17 Seitliche Strecksehne
18 Gemeinsame Strecksehne
19 Gemeinsamer Zehenstrecker
20 Armmuskel
21 Oberflächlicher Brustmuskel
22 Oberer Grätenmuskel
23 Brustbein-Unterkiefer-Muskel
24 Oberarm-Kopf-Muskel
25 Äußerer Kaumuskel
26 Backenmuskel
27 Lippenschließmuskel
28 Heber der Oberlippe
29 Nasenlippenheber
30 Deltamuskel

Die inneren Organe (einer Stute)

1 Gehirn
2 Schlundkopf
3 Linker Leberlappen
4 Magen
5 Milz
6 Linke Niere
7 Enddarm
8 Linkes Gebärmutterhorn mit Eierstock
9 Harnblase
10 Mastdarm
11 Scheide
12 Dünndarm
13 Grimmdarm
14 Mittelfell
15 Linke Herzkammer
16 Rechte Herzkammer
17 Luftröhre
18 Speiseröhre
19 Kehlkopf

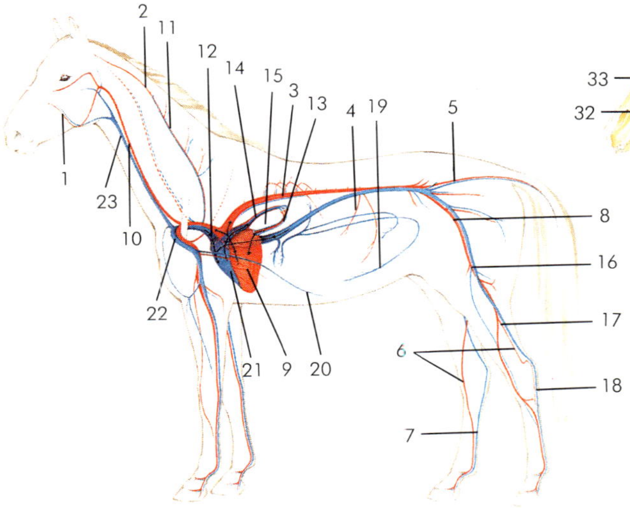

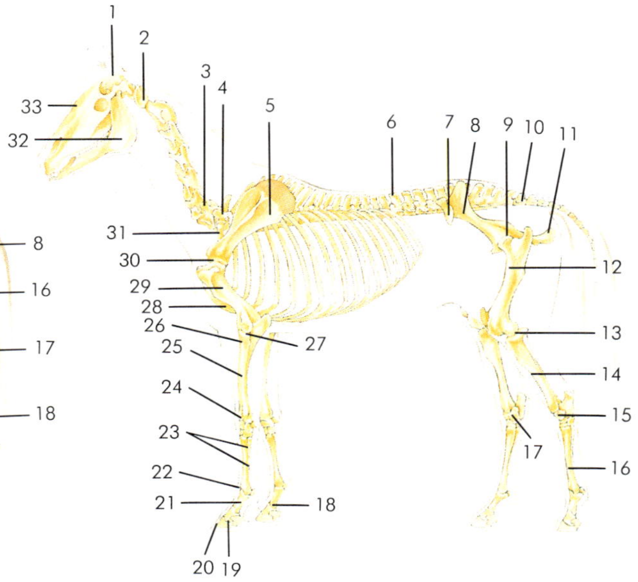

Die Blutbahnen

Die **Arterien** (rot)

1 Gesichtsarterie
2 Halsarterie
3 Aorta
4 Bauchschlagader
5 Schwanzarterie
6 Schienbeinarterien
7 Hauptmittelfußarterie
8 Schenkelarterie
9 Linke Herzkammer
10 Halsschlagader

Die **Venen** (blau)

11 Halsvene
12 Vordere Hohlvene
13 Lungenvene
14 Lungenarterie
15 Lungenkreislauf
16 Oberschenkelvene
17 Unterschenkelvene
18 Mittelfußvene
19 Darmvenen
20 Brustwandvene
21 Rechte Herzkammer
22 Achselvene
23 Jugularvene

Das Skelett

1 Hirnschädel
2 Erster Halswirbel
3 Siebter Halswirbel
4 Erster Brustwirbel
5 Schulterblatt
6 Erster Lendenwirbel
7 Hüfthöcker
8 Becken
9 Hüftgelenk
10 Erster Schwanzwirbel
11 Sitzbeinhöcker
12 Oberschenkelbein
13 Kniegelenk
14 Schienbein
15 Sprunggelenk
16 Röhrbein
17 Griffelbein
18 Krongelenk
19 Hufgelenk
20 Hufbein
21 Fesselbein
22 Fesselgelenk
23 Vordermittelfußknochen
24 Vorderfußwurzelgelenk
25 Unterarm
26 Speiche
27 Ellbogengelenk
28 Brustbein
29 Oberarm
30 Schultergelenk, Buggelenk
31 Erste Rippe
32 Unterkiefer
33 Gesichtsschädel mit Oberkiefer

2500 m² groß, beim Menschen sind es ganze 90 bis 150 m². Das Herz eines Pferdes wiegt im Durchschnitt 3 kg, bei Vollblütern bis über 5 kg.

Selbstverständlich spielt die Geschwindigkeit für Pferde in offenen Steppen- und Wüstenlandschaften eine bedeutend größere Rolle als für ihre Verwandten, die in versteckreichen nordischen Tundren und Taigawäldern lebten. Die Nachfahren dieser Urwildpferde aus der Kälte, die Nordponys und Kaltblüter, haben daher einen weit weniger auf Schnelligkeit ausgerichteten Körperbau.

Für ein Fluchttier hat eine Beinverletzung in der Regel katastrophale Folgen. Seine eingeschränkte Lauffähigkeit wird von Raubtieren meistens sehr bald erkannt und skrupellos ausgenützt – auch Raubtiere machen sich das Leben nicht schwerer, als es unbedingt sein muß. Die Beine des Pferdes sind daher von Natur aus äußerst widerstandsfähig. Ein Wildpferd verletzt sich auch bei rasender Flucht in rauhem Gelände ganz selten ernsthaft an den Beinen.

Warum sind denn aber solche Probleme bei Hauspferden so häufig? Erstens sind Hauspferde im Durchschnitt um 35 cm höher gewachsen als Wildpferde. Die Beine sind also länger, einer größeren Hebelwirkung und damit einer stärkeren Belastung ausgesetzt. Zweitens tragen Hauspferde Menschen auf dem Rücken. Das wäre weiter nicht schlimm, wenn sie nicht auch noch über Hindernisse springen müßten. Weitaus die meisten Verletzungen an Gelenken und Sehnen entstehen auf Spring- und Military-Parcours.

Bei unserem Ausflug in die Urzeiten zu Beginn des Buches haben wir schon die kleinen, höckerigen Zähnchen erwähnt, mit welchen der *Eohippus* anscheinend zarte Blätter und als Beikost auch Kleingetier zermalmte. Die Umstellung auf das Leben in nordischen Heidelandschaften, in Steppen und Halbwüsten und damit auf eine an harten Rohfasern reiche Nahrung machte eine gründliche Änderung des Gebisses nötig. Scharfe Schneidezähne waren gefragt und vor allem leistungsfähige, lange Backenzähne, die einer starken Abnützung standhalten. So prägt der gewaltige Kauapparat die ganze Schädelform des Pferdes.

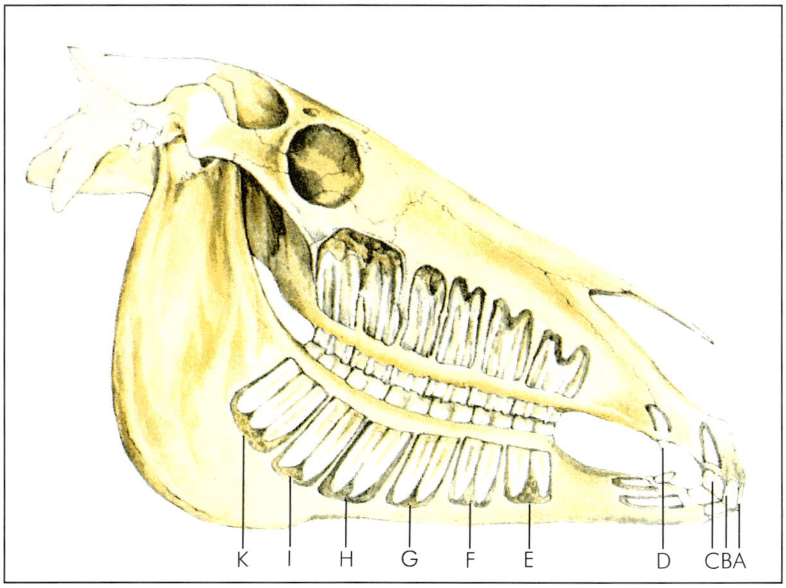

Der weitaus größte Teil des Pferdekopfes wird vom mächtigen Kauapparat mit den langen Mahlzähnen gebildet. A bis C sind die Schneidezähne, D der Hakenzahn und E bis K die Backenzähne.

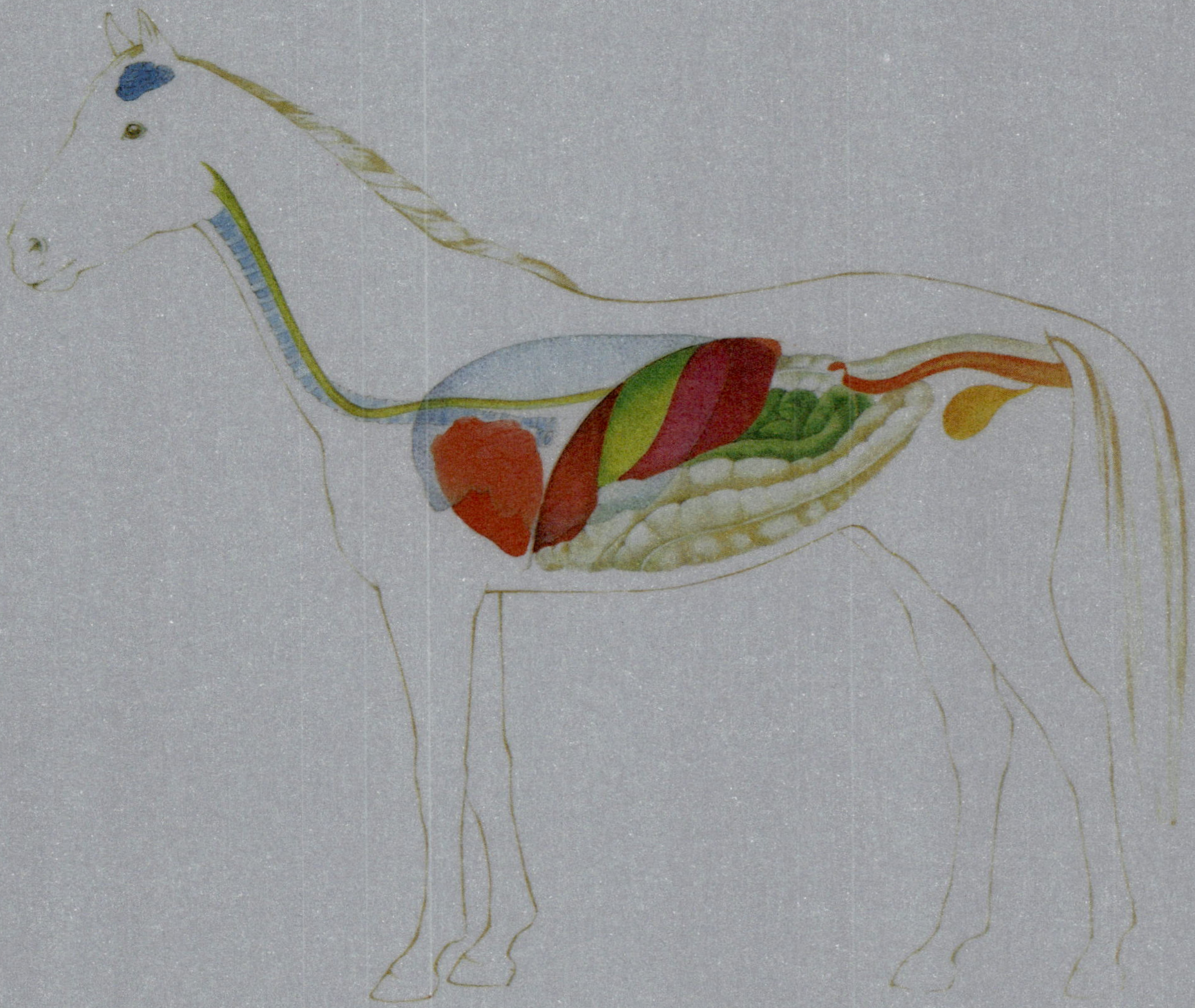

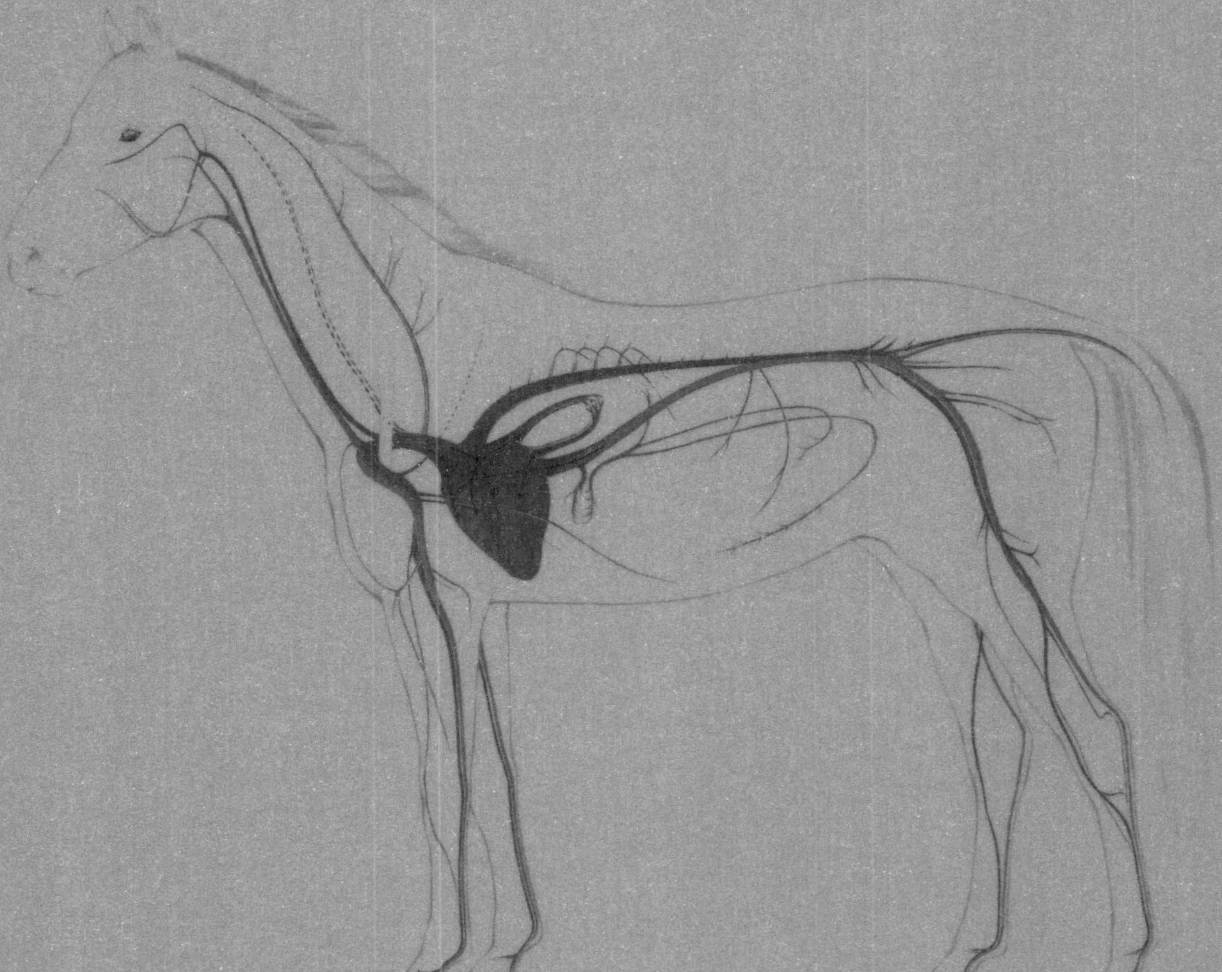

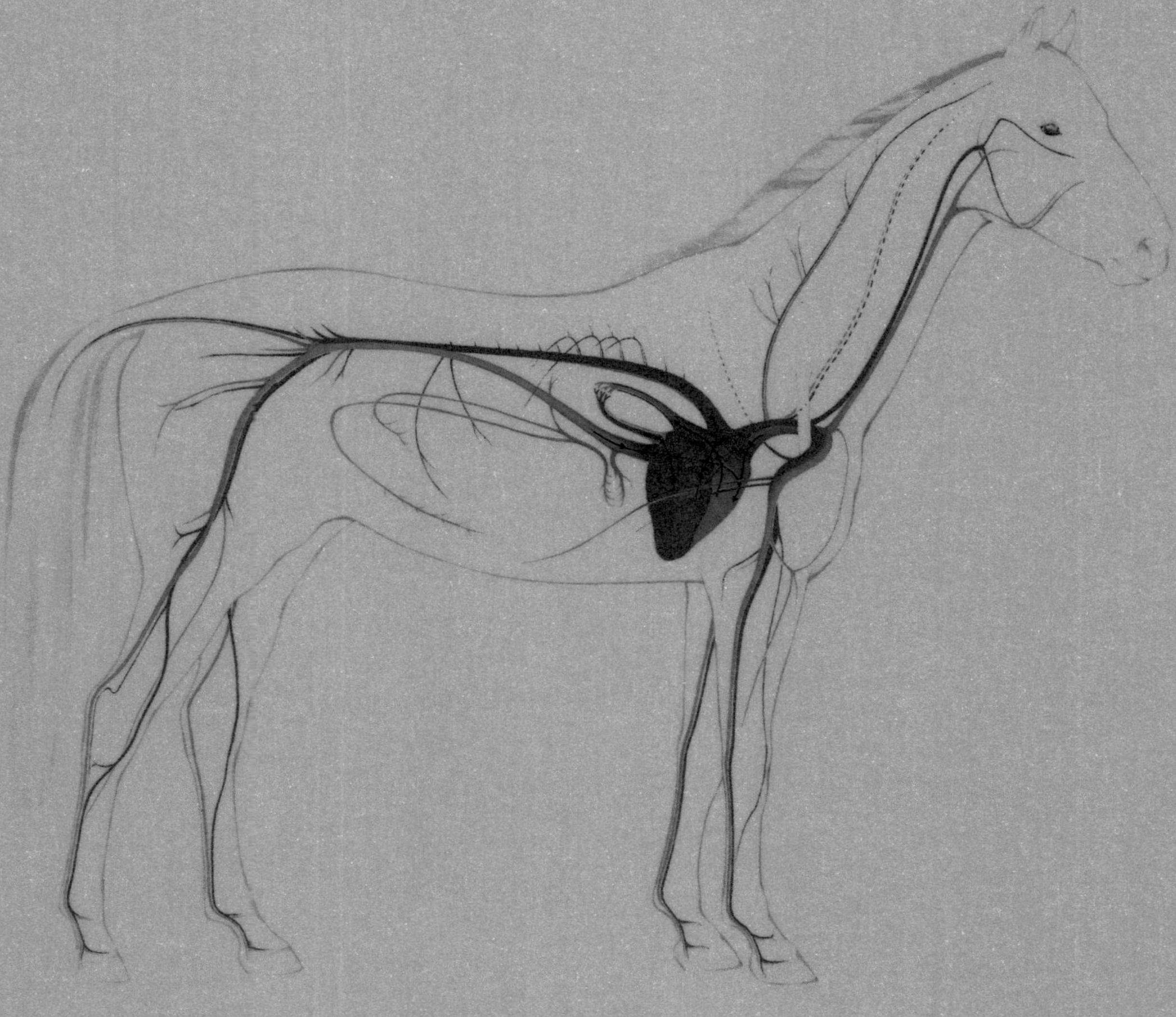

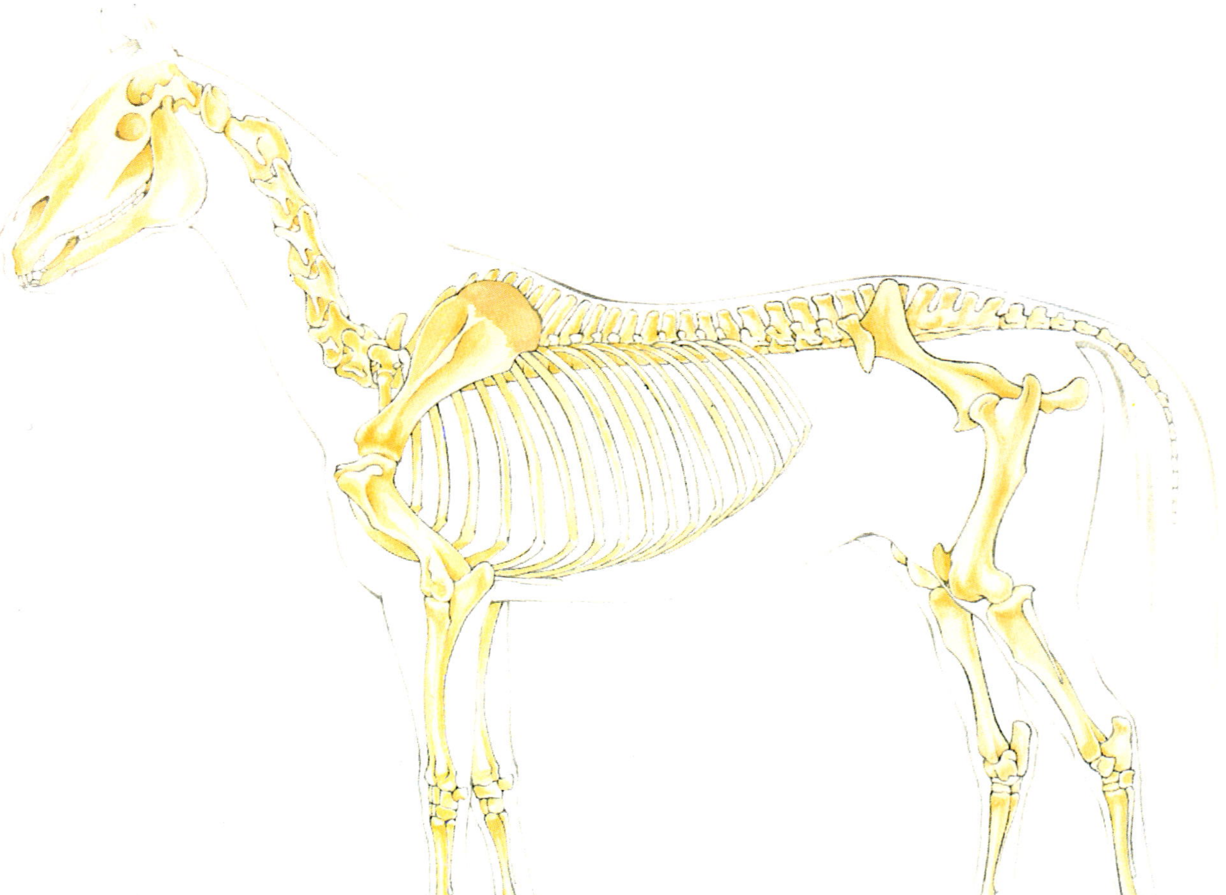

Wie ist der Mensch auf das Pferd gekommen?

Weshalb wir wissen, daß die Urpferde eine Stehmähne hatten

Herbst im Jahr 20 000 vor Christus. Ein eisiger Wind bläst von den riesigen Gletschern, die sich von Nordeuropa und den Alpen bis weit nach Mittel- und Westeuropa erstrecken, über die Tundra. Die wenigen Zwergbirken und Kriechweiden biegen sich im kalten Wind. Schon bald werden das Wollgras und die Rentierflechten unter einer dünnen Schneeschicht verborgen sein. Am Horizont tauchen Wildpferde auf, die vor den kommenden Schneestürmen in den Süden ziehen. Ihr Wanderziel sind die wärmeren Steppenlandschaften und die ausgedehnten Birken- und Kiefernwälder an der Mittelmeerküste. Mehrere Altstuten mit ihrem Nachwuchs und der Leithengst biegen in das Tal von Solutré ein, das im südlichen Burgund liegt. Vorsichtig, immer wieder die Witterung prüfend, bewegen sie sich langsam vorwärts. Sie sind heute besonders unruhig, da eine lange Reihe verflochtener Krüppelzweige ihnen den gewohnten Weg ans Flußufer versperrt. Bevor sie, mißtrauisch geworden, den Rückzug antreten, brechen mit Gebrüll und schlagenden Zweigen zweibeinige Wesen aus den umliegenden Gebüschen. In Panik preschen die Pferde davon, die Talseite hinauf. Jeder Weg, der ins Flußtal und auf die weite Ebene führen würde, wird ihnen durch schreiende Kreaturen und undurchdringliche Krüppelzäune verwehrt. Es bleibt ihnen nur der Weg auf das Hochplateau, dessen Flanken aber immer steiler werden. Die Hochebene verengt sich, auf beiden Seiten befinden sich steile Abgründe; so bleibt ihnen als möglicher Ausweg nur noch die Flucht nach vorne. Doch plötzlich taucht ein Abgrund auf, die vordersten Tiere stoppen und versuchen nach hinten auszuweichen. Aber die hinteren Pferde, die noch nichts von der Gefahr ahnen, drängen nach vorne und stoßen sie in die Tiefe. Der dumpfe Aufprall der Körper in 100 m Tiefe geht unter im Gebrüll der Zweibeiner auf dem Plateau und dem Wiehern und Schnauben der Pferde, die sich jetzt dicht zusammendrängen. Angeführt von ihrem Leithengst, versuchen sich die Pferde zu retten und stürmen auf die sich ihnen in den Weg stellenden Treiber zu. Wer sich nicht mit einem Sprung auf die Seite rettet, wird unter ihren Hufen begraben, bleibt tot oder schwer verletzt liegen. In wildem Galopp entfliehen die überlebenden Pferde der tödlichen Gefahr ins Tal und auf die rettende Ebene hinaus. Einige der in den Abgrund gestürzten Pferde sind bereits tot, die überlebenden werden von wartenden Männern mit Steinäxten erschlagen. Die Menschen jubeln, sie haben reiche Beute gemacht, die ihnen das Überleben im kommenden Winter ermöglichen wird. Auf der Hochebene werden die verunglückten Kameraden geborgen ... Die dramatische Begegnung zwischen Mensch und Pferd in der Eiszeit endet mit blutigen Verlusten auf beiden Seiten.

Solutré ist heute ein kleines Weindorf, das allerdings nicht durch seine Reben, sondern durch uralte Knochen weltberühmt geworden ist. Erste systematische Ausgrabungen am Fuß dieses Hochplateaus begannen 1866, nachdem ein junger Mann Feuersteinwerkzeuge gefunden hatte, die das Interesse von Archäologen weckten. In der Folge wurden mehr als 100 000 Skelette von Wildpferden gefunden, die nicht nur die intelligente Jagdtechnik unserer Vorfahren belegen, sondern auch das Verhalten der Pferde: Bei Gefahr drehen sie einfach durch, ergreifen in Panik die Flucht. Auch Knochen von Mammuts, Urrindern, Wisenten und Renen wurden entdeckt, die offenbar mit der gleichen Methode erbeutet wurden. Die Menschen der Eiszeit schätzten offenbar die windgeschützte Lage am Fuß dieses Felsens, denn neben den Tiergebeinen wurden auch Feuerstellen, Geräte und allerlei kleine Kunstwerke ausgegraben. Die Knochenfunde deuten darauf hin, daß zwei verschiedene Pferdearten in der damaligen Zeit lebten und von den Menschen bejagt wurden: ein kleines, zierliches Urpony, 125 bis 130 cm groß, und ein eher starkknochiges, 138 bis 145 cm großes Tundrenpony. Im Wechsel der Eiszeiten waren die damals lebenden Urpferde gezwungen, auf der Suche nach ergiebigen Weidegründen den sich ausdehnenden Gletschern auszuweichen. Wurden sie von Eismassen großflächig eingeschlossen, gingen die meisten zugrunde; nur jene überlebten, die sich an die neuen Bedingungen anpassen konnten. Das wollige und dichte Haarkleid, eine Stehmähne ohne Stirnschopf und ein dünner Schweif schützten das *nördliche Tundrenpony* in den langen und kalten, aber trockenen Wintern. Das massige Pferd, das in bestimmten Klimaperioden eine Widerristhöhe von 170 cm erreichte, suchte auf Geröllfeldern am Rande der Gletscher und in

Przewalski-Pferde. So etwa sah die Beute der Eiszeitjäger aus.

sumpfigen Morasten trittsicher sein Futter. Das *südliche Urpony* dagegen war von feinerem Körperbau. Es besaß einen hoch angesetzten Kopf, einen grazilen Hals, einen kurzen Rumpf und eine ausgeprägte, schräge Kruppe. Sein dichtes Fell, die üppige Mähne und der breitgefächerte Schweif leiteten in dem feuchten Mittelmeerklima das Regenwasser gut ab. Die Farbe seines Fells war torfbraun, und es hatte ein Mehlmaul und einen hellen Bauch.

Wie konnten die Forscher anhand der Ausgrabungen aber wissen, daß die Urpferde eine Steh- oder Fallmähne hatten und ihr Fell eine bestimmte Farbe aufwies? Des Rätsels Lösung lag Jahrtausende buchstäblich im Dunkeln verborgen ... Hauptsächlich in Frankreich, aber auch in Spanien wurden in der Mitte des letzten Jahrhunderts Höhlen entdeckt, deren Wände ganz mit Tierzeichnungen bemalt waren. Neben Pferden waren auch Mammuts, Ur- und Höhlenbären abgebildet. Erst langsam wurde um die Jahrhundertwende der Beweis erbracht, daß es sich dabei tatsächlich um uralte Malereien der Eiszeitmenschen handelt. Es sind dies die ältesten bekannten Zeugnisse menschlichen Kulturschaffens. In Höhlen tief im Berginnern konnten sie völlig geschützt vor Witterungseinflüssen Jahrtausende überdauern. Die prähistorischen Bildwerke lassen eine Entwicklung feststellen. Die ältesten Bilder sind reine Umrißzeichnungen ohne Details. Spätere Malereien mit kräftigeren und zarten Linien lassen Mähne, Fell oder Muskelpartien erahnen. Manchmal sind Teile des Tieres mit rötlicher oder gelblicher Farbe ausgemalt. Im letzten Zeitabschnitt, 15 000 bis 10 000 Jahre vor unserer Zeitrechnung, entstanden die schönsten und bedeutendsten Kunstwerke. Mehr und mehr wurden nicht mehr Einzeltiere, sondern Gruppen von Tieren in Bewegung oder ganze Szenen dargestellt. Die lockere Linienführung mit wenigen gemalten Flächen verleihen den Zeichnungen ein Höchstmaß an Ausdruckskraft und zeugen von der Beobachtungsgabe dieser Künstler. Nicht nur Zeichnungen, sondern auch kleine Plastiken und sogar ganze, aus dem Felsen gehauene Reliefs, wurden aus dieser Zeit gefunden. Was mag diese frühen Maler und Bildhauer veran-

20 000 bis 15 000 Jahre alt sind diese Höhlenbilder: links unten eine Darstellung aus Lascaux, rechts ein Pferd aus Niaux, Frankreich, und ganz rechts ein Pferdekopf aus Asturien, Spanien.

laßt haben, solche Themen zu wählen? Wahrscheinlich waren sie der Ausdruck eines religiösen Wunschdenkens. Im Körper vieler dargestellter Tiere sind Pfeilspitzen eingezeichnet, oder sie liegen zusammengebrochen und blutend am Boden – Wunschvorstellungen dieser Jäger, durch Beschwörung und symbolisches Beschießen des begehrten Wildes habhaft zu werden. Die Bilderhöhlen dienten wohl einzig und allein als Kultstätten, denn sie waren stets unbewohnt und entfernt von menschlichen Behausungen. Einige befinden sich an schwer zugänglichen Stellen und sind nur nach einer mühsamen Kletterei und durch enge Gänge erreichbar.

Welches Schicksal hatten diese Eiszeitmenschen und die Urpferde? Wir wissen es nicht, denn erst ungefähr 4000 Jahre vor Christi Geburt tauchen erstmals Dokumente menschlicher Kultur auf, die von Menschen und Pferden berichten. Durch die immer noch praktizierte Sitte, Essenreste einfach liegenzulassen, wissen wir, wovon sich die damaligen Menschen ernährten. Ein besonders ergiebiger Abfallhaufen wurde in der heutigen Ukraine, am Ufer des Flusses Dnjepr, entdeckt. Dort fand man neben den Feuerstellen eine große Zahl von Rinder-, Schaf-, Ziegen- und Schweineknochen. Weitaus am häufigsten aber waren Pferdeknochen; sie waren im Vergleich zu früheren Kulturen dieser Region etwa doppelt so häufig vertreten. Offenbar mußte sich bei den damals lebenden Jägern und Ackerbauern die Erkenntnis durchgesetzt haben, daß es einfacher ist, die Beute zu züchten, als ihr jagend hinterherzurennen. Als sensationell erwies sich der Fund eines Pferdeschädels, der mit den Knochen des linken Vorderbeines in ritueller Anordnung neben zwei Überresten von Hunden lag. Spuren von Verschleiß an den vorderen Backenzähnen dieses Schädels, die nicht von einer natürlichen Abnutzung der Kauflächen herrühren können, belegten klar, daß dieses Pferd gezäumt worden war und nach seinem Tode vom Besitzer bestattet wurde. Tatsächlich fanden die Forscher neben dieser Kultstätte zwei durchbohrte Geweihstücke, die als Seitenteile einer Trense gedient hatten. Da das Rad diesen Menschen noch nicht bekannt war, gebührt wohl dem Besitzer dieses Pferdes die Ehre, das Reiten erfunden zu haben. Er war sich wahrscheinlich gar nicht bewußt, wie sehr dies den Verlauf der Geschichte verändern sollte.

EIN FABELTIER, DAS HEILT UND ZERSTÖRT

Das Einhorn ist eines der ältesten bekannten Symboltiere. Mit mythologischen und märchenhaften Zügen versehen, ist es in Kulturen des Orients und des Abendlandes vertreten. Seinen besonderen Reiz hat das Tier nie verloren, obwohl es eigentlich gar nie existierte. Märchen und Kinderbücher zeugen bis in die heutige Zeit von seiner Anziehungskraft. Der Ursprung der Geschichte vom Einhorn liegt in Indien:

Der Einsiedler «Gazellenhorn» ist als Sohn eines Asketen und einer Gazelle, einer Tochter der Götter, geboren worden und trägt auf seinem Kopf ein einzelnes Horn. Ohne je Menschen zu Gesicht zu bekommen, lebt er als Einsiedler im Wald. Er hat wie schon sein Vater Macht über den Regen. Weil der König Lomapada einen Brahmanen, einen Weisen, betrügt, verlassen alle Brahmanen seinen Hof, und als Strafe bleibt der Regen aus. Die Brahmanen weissagen, der Götterkönig werde es erst wieder regnen lassen, wenn es dem König gelänge, den Einsiedler «Gazellenhorn» an den Königshof zu bringen. Der König faßt den Plan, den Asketen durch eine junge Frau zu überlisten. Die Auserwählte baut ein Floß in der Nähe der Hütte des Einsiedlers und schmückt es mit Blumen und Girlanden. Es gelingt ihr, mit ihrem Gesang und Tanz den Asketen zu betören. Obwohl der Vater ihn warnt, begibt sich der Sohn auf das Floß des Mädchens und kann so zum Königspalast entführt werden. Sobald er das Frauengemach betritt, fällt der Regen. Das Mädchen wird «Gazellenhorns» Frau und kehrt mit ihm später in die Einsiedelei zurück.

Diese Erzählung gelangte durch Reisende nach China, Japan und bis ins Abendland. In chinesischen Überlieferungen erscheint das Einhorn teils als hirschähnliches, teils als pferdeähnliches graziles Tier mit einem Horn auf der Stirn. Es war ein beliebtes Schmuckmotiv auf Kannen, Tellern, Flaschen und Geweben. Das Ch'ilin genannte Einhorn ist eines der vier heiligen Wundertiere neben Drachen, Phönix und Schildkröte. Es verkörpert die Ideale der Güte, Rechtlichkeit, Glaubwürdigkeit und Weisheit. Das Einhorn kann über Wasser und Land gehen und tritt dabei so behutsam auf, daß es weder einen Grashalm noch ein Lebewesen zertritt. Es erscheint den Menschen, um die Geburt eines Weisen oder Herrschers anzukünden.

Um 200 nach Christus ist die indische Geschichte von einem Schriftsteller aus Alexandria zum Naturbericht über den Fang eines Einhorns umgeschrieben worden. In diesem wie auch in den folgenden Naturberichten, die als Volksbücher in viele Sprachen übersetzt wurden und der allgemeinen Naturbelehrung dienten, wurden das Verhalten und die Kräfte der wirklich existierenden und der fabulösen Tiere beschrieben. Zu dieser Zeit wird das Einhorn meist in Pferdegestalt als ungewöhnlich wild, kraftvoll, schnell und ungesellig dargestellt, mit einem Horn, das sowohl heilende als auch zerstörende Kräfte besitzt. An seine tatsächliche Existenz hat man zu dieser Zeit stets geglaubt. Auch im Mittelalter zweifelte man nicht daran, daß es dieses Tier tatsächlich gibt. Ein gewisser Ludovico Vartoman aus Bologna zum Beispiel, der 1503 eine Reise in den Nahen Osten unternahm, berichtet von zwei in Äthiopien gefangengenommenen und in Mekka in einem Käfig ausgestellten Einhörnern. Die dem Einhorn zugeschriebenen Eigenschaften der Wildheit und Stärke haben das Tier auch zu einem beliebten Wappenzeichen gemacht. Es war eines der Embleme Schottlands und wurde neben dem Löwen als Wappentier in das englische Wappen übernommen.

Die Hochschätzung des Einhorns im alten China und Japan gründete sich auch auf das als heilkräftig angesehene Horn. Diesem Horn schrieb man die gleichen Wunderkräfte zu wie dem Horn des Nashorns, das eine begehrte Jagdtrophäe war. Daß sich dieser Glaube erhalten hat, bezeugen die in fast jeder größeren Stadt noch heute anzutreffenden Einhorn-Apotheken. Überhaupt wurde dieses Tier gerne auch als Sinnzeichen verschiedener Städte verwendet. Das wohl berühnmteste Beispiel ist Siena in der Toskana. Diese Stadt ist in verschiedene Bezirke aufgeteilt, die mit Namen bestimmter Tiere oder Zeichen bezeichnet werden. Neben Wölfin, Giraffe, Adler, Schildkröte oder Baum, Muschel und Welle gibt es auch den Stadtteil mit dem Einhorn. Bis heute erscheinen diese Zeichen auf Fahnen und Sätteln bei dem berühmten Palio, einem Pferderennen, bei dem die verschiedenen Quartiere gegeneinander antreten. Junge Männer auf ungesattelten Pferden umrunden dreimal in halsbrecherischem Tempo den Brunnen auf dem schönsten Platz von Siena. Ob mit oder ohne Reiter, das siegreiche Pferd gewinnt und damit «sein» Quartier, wo anschließend ausgelassen gefeiert wird.

Der Widerspenstigen Zähmung – vom Wild- zum Hauspferd

Das Züchten von Haustieren war das früheste biologische Experiment, das je von Menschen durchgeführt wurde. Nach dem Fang wurden die Wildtiere in veränderten, von Menschen gestalteten Bedingungen gehalten und die Auswirkungen auf die Tiere beobachtet. Die Gefangenen reagierten auf ihre neuen Lebensbedingungen auch mit erblichen Anpassungen: Nach vielen Generationen brachten auch ihre Nachkommen die veränderten Merkmale und Fähigkeiten mit auf die Welt. Menschen förderten diese Entwicklung, indem sie geeignet erscheinende Tiere miteinander verpaaren ließen und so zahlenmäßig große Bestände von Tieren aufbauten. Durch die völlige Trennung von den ursprünglichen Wildarten über Generationen hinweg und durch die züchterische Auslese wurden die Haustiere im Verlaufe der Zeit ihren Stammarten immer unähnlicher.

Ganz anders verhält es sich mit der Zähmung von Wildtieren. Aus Wildtierbeständen werden immer wieder Individuen eingefangen, gezähmt und für menschliche Zwecke abgerichtet. Die gezähmten Tiere behalten das Aussehen und die Eigenschaften der Wildtiere. Arbeitselefanten in Indien oder für den Fischfang abgerichtete Kormorane in Ostasien sind solche Beispiele.

Auch die Pferde mußten sich also an neue, vor allem an einschränkende Bedingungen anpassen. Sie wurden zunächst kleinwüchsiger als die Wildarten, was von den Züchtern wegen der daraus resultierenden Genügsamkeit und Härte sehr geschätzt wurde. Aus diesen Beständen konnte man durch sorgfältige Züchtung je nach Bedarf besser geeignete Pferde gewinnen. In der Römerzeit etwa verlangten die Feldherren nach größeren Pferden, um ihre höhere Rolle in der Gesellschaft zu zeigen. Im Mittelalter brauchte es große, massige Pferde, die außer ihrem Reiter auch die immer massiveren Rüstungen tragen konnten. Mit der Intensivierung der Landwirtschaft stieg der Bedarf an kräftigen Zugpferden, während die für den Personentransport eingesetzten Pferde leichter und schneller sein sollten. Durch die Domestikation änderte sich bei den Pferden eine Vielzahl von Merkmalen, die äußerlich zum Teil gar nicht sichtbar sind. Unsere heutigen Hauspferde haben zum Beispiel um neun Prozent leichtere Gehir-

Links: Um 1400 v. Chr. wurde dieses Bild an die Wand einer ägyptischen Grabkammer gemalt.
Unten: Ein ägyptischer König, im Flachrelief dargestellt, vor dem Tempel von Karnak.

ne als die einzigen noch lebenden Wildpferde, die Przewalskipferde. Anderes hingegen ist auffälliger, so die enormen Unterschiede in der Körpergröße, das schnellere Wachstum oder die früher einsetzende Geschlechtsreife. Das ununterbrochene Wachstum von Haaren, das in einer ungewöhnlich langen Mähne resultiert, die geringere Härte der Hufe und die Vielzahl von möglichen Scheckungen und Fleckungen sind ebenfalls Folgen der Domestikation durch den Menschen.

In verschiedenen Erdteilen versuchten Haustiere, die Domestikation sozusagen rückgängig zu machen – sie entwischten aus der menschlichen Obhut und verwilderten. Die durch die lange Gefangenschaft verlorenen Fähigkeiten machten viele dieser Tiere allerdings unfähig, in freier Wildbahn zu überleben, oder sie konnten sich gegen ihre im gleichen Gebiet lebende Stammart nicht durchsetzen. Die Pferde gehören zu den Tieren, die vor allem dort überlebt haben, wo ihre wilden Ahnen nicht mehr vorkommen. Allerdings ist es auch diesen Pferden nicht mehr möglich, sich wieder in echte «Wildpferde» zurückzuverwandeln. Zu lange und zu einschneidend wurden ihre Erbanlagen im Hausstand verändert. In bezug auf die Körperform, die Größe und das Verhalten nähern sich die verwilderten Pferde aber durchaus der Wildform an. Für die damalige Rasse typische Besonderheiten können sich in einer verwilderten Population (Tiergruppe in einer begrenzten Region) aber auch halten. So besitzen die in Nordamerika verwilderten Pferde zum Teil immer noch den von ihren spanischen Vorfahren geerbten typischen Ramskopf. In diesem Sinne ist die Domestikation nicht vollständig umkehrbar.

Als der Mensch begann, sich Haustiere zu halten, veränderte sich sein Leben sowohl in sozialen als auch in wirtschaftlichen Bereichen. Leider sind aus dieser Zeit keine Überlieferungen in Form von Schriften oder Bildern bekannt, die über die Anfänge und Folgen des Reitens in den frühen Kulturen Zentralasiens berichten könnten. Aber Überreste von Siedlungen, Münzen und sogar die Ausbreitung der indoeuropäischen Sprache, zu deren Abkömmlingen auch unsere gehört, geben Hinweise darauf, wie sehr sich das Leben der damaligen Menschen durch den Gebrauch von Reitpferden verändert hatte. Zu Pferd konnten sie sich weiter und schneller fortbewegen als zu Fuß; man fand kupferne Schmuckstücke in Gräbern aus der gleichen Zeitepoche wie das begrabene Kultpferd, die aus 1000 km entfernten Siedlungen eines anderen Kulturkreises stammen.

Die Reiterei brachte nicht nur entlegene Zivilisationen und deren Sprachen einander näher, sie förderte auch den Handel, erlaubte die Besiedlung von Gebieten, die vordem unerreichbar waren, und ermöglichte kriegerische Auseinandersetzungen, die meist zugunsten der reitenden Partei ausfielen. Es dauerte allerdings lange, bis die Pferde in den Mittleren Osten vorstießen.

Erst etwa 2000 Jahre vor Christus verläßt das Pferd die eurasische Steppe, und zwar als Zugtier vor den Kriegswagen der Indogermanen und Semiten. In der Folge wird es zum wichtigsten Machtinstrument der vorderasiatischen Völker. Nach Syrien und Palästina eroberten zum Beispiel die Heerscharen der Hyksos dank ihren von Pferden gezogenen Streitwagen auch Ägypten. Die Ägypter waren offenbar aufmerksame Beobachter. Sie lernten von den neuen Machthabern den Umgang mit Pferd und Wagen, wodurch es ihnen später dann gelang, die Eindringlinge wieder aus ihrem Land hinauszuwerfen. Mit den Achäern gelangte das Pferd im 16. Jahrhundert vor Christus nach Kreta, Rhodos und Zypern und von dort auch auf das griechische Festland. Die Griechen waren wahrscheinlich die ersten, die sich ganzheitlich für das Pferd interessierten und es nicht nur als Instrument im Kampf um die Vorherrschaft sahen. In ihrer Sprache heißt Pferd «hippos» – Die «Hippologie», das ist die Wissenschaft vom Pferd, leitete in jener Zeit so etwas wie die Blütezeit des Pferdes ein.

Assyrischer Pferdepfleger im Relief. Schon vor 3000 Jahren besaßen die Assyrer auf Tontafeln detaillierte Vorschriften über Pflege und Training von Kriegspferden.

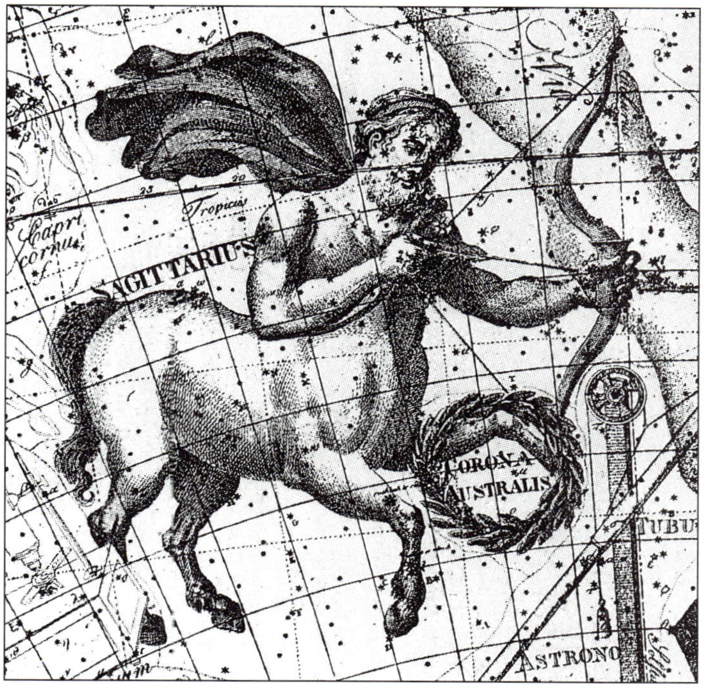

DIE KENTAUREN UND DAS STERNBILD DES SCHÜTZEN

Die Kentauren sind Gestalten aus der griechischen Mythologie. Es handelt sich um Pferde, die anstelle von Pferdehals und -kopf von der Hüfte aufwärts einen Manneskörper besitzen. Die Griechen sahen in ihnen Naturdämonen der unwegsamen Gebirge und der dichten Wälder, die — von wilden Tieren bewohnt — ihnen Angst und Schrecken einflößten. Solche Vorstellungen wurden auch auf die Bewohner der Waldgebirge übertragen. Einer von ihnen mit Namen Chiron wurde allerdings als Heilgott verehrt. Ärzte brachten ihm Gaben dar. Er galt als ein Sohn des Kronos, des Vaters von Zeus, der sich von den übrigen Kentauren durch seine Abstammung, aber auch durch seine Gerechtigkeit, Milde und Frömmigkeit unterscheidet.

Chiron ist unsterblich und gilt als Erzieher und Freund vieler Helden. Als er allerdings aus Versehen von einem vergifteten Pfeil des Herakles getroffen wird und die Wunde nicht heilt, tritt er seine Unsterblichkeit an Prometheus ab. Um nicht ewig dahinzusiechen, begibt er sich freiwillig in den Hades, in das Reich der Toten. Jüngere Mythen versetzen ihn als Kentauren an das Himmelszelt, wo er noch heute in Gestalt des Sternbildes des Schützen bewundert werden kann.

Das goldene Pferdezeitalter

Das Pferd genoß in der griechischen Kultur hohes Ansehen. Die Wertschätzung im Leben, Kult und Brauchtum des einzelnen und der politischen Institutionen, seine Rolle bei Festen und Spielen sowie seine militärische Bedeutung drückt sich in einer Fülle von Mythen, Geschichten und bildlichen Darstellungen aus. Das Pferd stand von allen Haustieren seinem griechischen Besitzer am nächsten und wurde sorgsam gepflegt. Auf den Feldern wurde es nicht eingesetzt; Maultiere zogen statt dessen die Lastkarren und Rinder den Pflug. Nicht wie heute *Milton* oder *Jappeloupe* hießen die stolzesten Pferde damals, sondern sie trugen klingende Namen wie *Aithe* oder *Podargos*. Und schon damals jubelten die Griechen dem siegreichen Wagenlenker und seinen Pferden zu, wenn er im Hippodrom als erster über die Ziellinie fuhr. Die Kunst des Reitens löste vom 8. Jahrhundert an ganz allmählich den Streitwagen ab und führte zur Entwicklung der Kavallerie und zu Pferderennen. Geritten wurde auf dem blanken Pferderücken oder auf einer Schabracke; der Gebrauch von Sätteln war noch nicht verbreitet. Wagengespanne im Rennen oder im Krieg bestanden fast ausschließlich aus Hengsten – die Kastration, obwohl bei anderen Völkern schon üblich, praktizierten die Griechen nicht. Stuten hielt man nur zur Zucht oder zur Herstellung von Käse aus Stutenmilch. Der Schwerpunkt der Pferdezucht lag auf edlen Vollblütern. Ein weitverbreitetes Delikt war damals der Raub von guten Hengsten zur Verbesserung der Zucht.

Das griechische «Idealpferd» würde wahrscheinlich auch heute noch Liebhaber finden: Es sollte hohe Hufe besitzen, weiche Beugen, starke Muskeln an Brust und Schenkeln, einen knochigen Kopf mit kleinen Ohren, einen hohen Widerrist, tiefe Flanken und kurze, flache Hüften. Die Griechen waren auch die ersten Veterinäre. Sie konnten anhand des Zahnwechsels das Alter der Pferde bestimmen, wußten, zu welcher Jahreszeit die Stuten am ehesten trächtig wurden, und sogar, daß die Pferde keine Gallenblase haben! Milch, Blut, die Asche ihrer Hufe und Knochen waren weitverbreitete Heilmittel gegen allerlei menschliche Gebrechen. Das Pferd fand auch Eingang in die Götterwelt. So soll Poseidon der Schöpfer des Pferdes Skyphios gewesen sein, das Quellen durch Hufschlag zum Sprudeln bringt. Dessen Sohn Pegasos, das geflügelte Pferd, überbringt Blitz und Donner des Göttervaters Zeus. Pferde ziehen die Wagen des Sonnengottes Helios, der Mondgöttin Selene und der Göttin der Morgenröte, Eos.

Linke Seite: Griechischer Reiter – ein Ausschnitt aus dem berühmten Fries am Parthenon-Tempel in Athen, der 447 bis 432 v. Chr. gebaut wurde.
Unten: Griechische Amphore – ein Mädchen schenkt dem Reiter vor dem Rennen Wein ein.

Eine Weltmacht hoch zu Roß

Die ersten Siedlungen der Italiker entstanden um 1000 vor Christus im südwestlichen Teil Italiens. Mit den dort bereits ansässigen Griechen und Etruskern betrieben diese Menschen zunächst einen regen Kultur- und Handelsaustausch. Einem etruskischen Gebrauch folgend, umgürteten sie ihre Siedlung am Tiber mit einer Stadtmauer – Rom war gegründet. Um 550 kam Rom unter die Herrschaft der etruskischen Tarquinier, die es hundert Jahre später wieder abschüttelte. Später unterwarfen die Römer ihre Nachbarn, drangen weiter auf ihrer Halbinsel vor und dehnten ihr Reich immer weiter aus. Schon bald nach Christi Geburt erstreckte sich ihre Herrschaft über ganz Europa (einschließlich das heutige England); sie reichte von Nordafrika und Vorderasien bis zum heutigen Iran. Überall, wo die Römer hinkamen, trafen sie auf Völker, die mit Erfolg ihre eigene Pferderassen züchteten. Nicht jede fand allerdings Gefallen bei ihnen; so wurde zum Beispiel das Arabische Pferd aus Libyen als klein, häßlich und dünn kritisiert; wenigstens gestand man ihm Schnelligkeit und Ausdauer zu. Pferde aus Spanien, die mit den arabischen gekreuzt wurden, eigneten sich in ihren Augen schon besser für den Militärdienst und auch für Wagenrennen. «Schnell, stark, wunderschön, angenehm zu reiten und der Trense gehorchend» waren die Attribute, die dem persischen Pferd nachgesagt wurden. Die Römer verstanden es, die Qualitäten all dieser verschiedenen Pferderassen für ihre eigene Zucht zu nutzen. Sie züchteten die besten Pferde immer für einen bestimmten Zweck, hauptsächlich für die Kavallerie, aber auch für den Transport oder für Rennen. Diese Reittiere mußten wirklich hervorragend gewesen sein, denn aus strategischen Gründen war es zum Beispiel untersagt, ohne Erlaubnis der römischen Obrigkeit Kavalleriepferde aus dem damaligen Italien zu exportieren ...

Unten: Aus Eisen geschmiedete Pferde-Kopfschutzmaske der Römer.
Rechte Seite: Pluton entführt auf einer Quadriga (Vierergespann) Proserpina. Römisches Gemälde.

Die Römer unterschieden drei Typen von Zuchtpferden: die «Noblen», die für Rennen bestimmt waren, Stuten für die Maultierzucht und gewöhnliche Arbeitspferde. Noblen Stuten wurde nur alle zwei Jahre im Frühling ein ausgesuchter Hengst beigegeben, während gewöhnliche Zuchtpferde das ganze Jahr in gemischten Gruppen gehalten wurden. Edle Zuchthengste erhielten während der Decksaison Körnerfutter und nur das beste Heu. Ihre Stuten dagegen mußten sich ihr Futter auf der Wiese selbst suchen, denn schon damals wußte man, daß fette Stuten nur schwer trächtig werden. Die Maultierzucht war eine eigentliche «Industrie», und der Export brachte den Züchtern großen Reichtum. Pferdeherden vermögender Züchter wurden im Sommer in die Berge getrieben, um die Flachlandweiden zu schonen und so genügend Futter für den Winter zur Verfügung zu haben. Vor allem aber sollte das Gehen auf trockenem und felsigem Untergrund die Hufe stärken – eine wichtige Maßnahme zu der Zeit, als die Pferde noch nicht beschlagen wurden. Die Ställe sollten aus demselben Grund über einen harten, sauberen Bretterboden verfügen, weil, wie der Chronist Varro berichtet, «das Geräusch der Hufe im Stall zu hören von größter Wichtigkeit ist». Bei schlechtem Wetter brachte man die Stuten in den Stall, welcher bei frostigen Temperaturen sogar beheizt wurde – mit einem offenen Kohlenfeuer!

Während Sklaven die gewöhnliche Stallarbeit besorgten, waren gut ausgebildete Pfleger für das tägliche Wohl und das Training der Pferde verantwortlich. Von einem guten Pferdepfleger erwarteten die Römer, daß er Krankheiten wie etwa Wurmbefall, Kolik, Lahmheit, Haarverlust, Husten, Insektenstiche und dergleichen erkennen und auch behandeln konnte. Zu ihrer Arbeit gehörte auch das tägliche Putzen der Pferde, das eher als eine Form von Massage angesehen wurde. Solltest du jemals aufstöhnen bei der Aufforderung, dein Pferd vor dem Reiten vorerst zu putzen, und dich fragen, ob das wirklich nötig sei, dann besinne dich auf die alten Römer: Die wußten damals schon, daß ausgiebiges Putzen nicht nur

den Dreck aus dem Fell entfernt, sondern auch die Rücken- und Beinmuskeln der Pferde stärkt und allgemein einen positiven Einfluß auf die Psyche des Tieres hat!

Die einzige uns erhaltene Anleitung über das Zureiten und das Training der Pferde aus der Alten Welt stammt vom Griechen Xenophon. Als große Bewunderer der griechischen Kunst und Lebensweise übernahmen die Römer vieles aus diesem Manual. So erstaunt es nicht, daß auch die Römer vor Pferdehändlern warnten, welche die Gruben in den Zähnen älterer Pferde mit Material füllten, um sie jünger aussehen zu lassen. Arbeitspferde wurden mit zwei Jahren zugeritten oder eingefahren, Rennpferde erst mit drei. Bei letzteren wird geraten, sie erst mit fünf Jahren, wenn sie voll ausgewachsen und ihre Muskeln gut entwickelt sind, in Rennen einzusetzen. Die Erziehung eines Pferdes begann jedoch schon im Fohlenalter, wenn es nach der Entwöhnung in den Stall geholt wurde und sich an die aus einem Strick gedrehte Trense gewöhnen mußte. Die Römer empfahlen, Geräusche mit Ketten, Wagenrädern oder Waffen zu erzeugen, um das junge Pferd an die späteren Schlachtgeräusche zu gewöhnen. Das Westernreiten ist übrigens keine Erfindung der amerikanischen Cowboys, wie wir aus den Schriften Varros entnehmen können. Schon die Römer verlangten von einem Pferd, daß es auf leiseste Gewichtsverlagerungen und auf das Anlegen der Zügel an den Hals reagiere. Die Zügelführung mit einer Hand war nötig, um mit der andern einen Schild oder ein Schwert halten zu können. Der römische Militärsattel sah aus wie der Prototyp eines Westernsattels, und das Hackamore oder Bosal hieß damals nur anders, nämlich «psalion». Sogar die so moderne Erfindung eines temporären Hufschutzes bei Verletzungen war damals schon bekannt, nur das Material, aus dem er gefertigt war, nämlich Binsen oder Eisen, ist heute nicht mehr dasselbe.

Römisches geflügeltes Zweiergespann aus dem 4. Jahrhundert v. Chr. vom Tempel Ara della Regina.

ὄνος ἄγριος, ὄναγρος = WILDESEL
κανθήλιος = HAUS-, PACKESEL
ἡμ9ονος = MAULTIER, MAULESEL

Der Hausesel wurde früher als das Pferd domestiziert, wahrscheinlich bereits vor 6000 Jahren von Menschen, die im unteren Niltal gelebt haben. Vermessungen an Eselskeletten, die in ägyptischen Gräbern gefunden wurden, deuten jedenfalls darauf hin, daß sie schon damals wie unsere heutigen Hausesel ausgesehen haben dürften. Der Esel galt schon in alter Zeit als «das Pferd des kleinen Mannes». Liegt es darin begründet, daß im Gegensatz zur Pferdezucht in der Eselszucht — von wenigen Ausnahmen abgesehen — seit damals jeder züchterische Ehrgeiz fehlt und man(n) einfach nur willige Arbeitstiere brauchte, egal von welcher Farbe, Form oder Größe? In der griechischen Literatur finden sich Hinweise auf den Hausesel erst im 6. Jahrhundert vor Christus. Er wurde zunächst als Tragtier in der Landwirtschaft und bei der Truppe eingesetzt, später vor allem vor die Getreidemühle gespannt. Als Reittier war er weniger beliebt als das **Maultier**, das Zuchtprodukt aus der Kreuzung zwischen Pferdestute und Esel hengst. Ob der Hausesel nur vom Nubischen Wildesel, einer Unterart des Somali-Wildesels, abstammt, oder auch vom Onager, einem Halbesel, ist bis heute umstritten. **Wildesel** kamen in der damaligen Zeit unter anderen in Kleinasien, Syrien, Mesopotamien und Persien vor.

Ihres hirschähnlich schmeckenden Fleisches wegen wurden sie mit Spießen gejagt; die Hengste versuchte man dagegen mit Schlingen zu fangen, um sie in der Maultierzucht einzusetzen. Mit Preisen zwischen 40 000 und 60 000 Sesterzen für lebend gefangene Eselhengste war dies damals ein lohnendes Unterfangen!

Im Gegensatz zum Esel war das Maultier der griechischen Welt schon früher vertraut, vor allem als Zug- und Tragtier für schwere Lasten. Nach dem Dichter Homer sollen die Myser, ein Volk aus Anatolien, die «Vermischung der Esel und Pferde erdacht haben». Die Tiere galten als so wertvoll, daß sie dem letzten König Trojas, Priamos, als Geschenk dargebracht wurden: «Schirrten die Maultiere an, starkhufige, kräftig zur Arbeit, welche die Myser dem Greise verehrt als edel Geschenke.»

Das Maultier war so wichtig für das antike Transportwesen, daß es das höchstbezahlte Haustier war; seine Zucht war eine Quelle großen Reichtums. Es wurde gerühmt wegen seiner Kraft, Ausdauer und Langlebigkeit. «Muli», Maultiere, hießen später im römischen Volksmund geduldig arbeitende Menschen oder Legionäre, die ihr Marschgepäck selbst trugen. Diese Bezeichnung soll aber auch für «Dummköpfe» gegolten haben . . .

Wie Kaltblüter das Abendland retteten
Die römische Herrschaft in Europa endet knapp 500 Jahre nach Christi Geburt mit der Absetzung ihres letzten Kaisers durch die Germanen. Nach einem Zeitsprung von weiteren 500 Jahren befinden wir uns im frühen Mittelalter. Auch während des ersten Jahrtausends unserer Zeitrechnung bleibt die Geschichte des Pferdes eng mit derjenigen des Menschen verbunden.

Leider gibt es auch von diesem Teil der gemeinsamen Geschichte meist nur kriegerische Zeugnisse. Auf den Pferderücken drängten zum Beispiel chinesische Kavalleristen die in ihr Reich einfallenden Hunnen erfolgreich zurück. Die Hunnen ihrerseits eroberten auf ihren schnellen Pferdchen ganz Osteuropa, ließen unter ihrem König Attila Europa erzittern und lösten riesige Völkerwanderungen aus. Die Araber, die ganz Nordafrika unter ihre Herrschaft brachten, fielen auf ihren schnellen Wüstenrennern in Spanien ein. In Südfrankreich standen sich schließlich Abend- und Morgenland zur entscheidenden Schlacht gegenüber: edle arabische Vollblüter gegen fränkische Kaltblüter und schwere Reitponys. Die Kaltblüter siegten – sicher nicht, weil sie bessere Kavalleriepferde waren, sondern, weil auf ihrem Rücken gepanzerte Reiter saßen. Die Ritter des Abendlandes hatten sich und auch ihre Pferde mit Kettenhemden, Rüstungen und schweren Platten aus Eisen praktisch unverwundbar gegen Pfeilhagel und Schwerthiebe gemacht. Allerdings büßten Reiter und Reittier dadurch ihre Beweglichkeit ein. Ein Reiter, der in der Schlacht sein Pferd verlor, war – sofern er den Sturz überhaupt überlebte – ebenfalls verloren. Auch die beliebten Ritterspiele, die Turniere, waren alles andere als ungefährlich.

Zu Beginn der Renaissance rückt endlich wieder das Pferd und die Kunst des Reitens in den Vordergrund. Ein Italiener namens Grisone gründete auf den Lehren des Griechen Xenophon

Ritterdarstellungen aus dem «Turnierbuch» des Kaisers Maximilian I. Hans Burkmair fertigte die kolorierten Zeichnungen um 1500 an.

eine Reitakademie in Neapel, in der Fürsten- und Königssöhne aus ganz Europa ihre reiterliche Ausbildung erhielten. Grisones Lehren wurden im Zeitalter des Barocks weiterentwickelt und verfeinert bis hin zu der berühmten Hohen Schule des Antonius von Pluvinel. Neben kunstvollen Figuren in der Manege lehrte Pluvinel auch einen humanen und auf das einzelne Pferd zugeschnittenen Umgang: «Besser immer mit Güte als mit Strenge ...» Dem möchten wir eigentlich nur noch hinzufügen, daß nur die Kenntnis des Pferdes, das Wissen um sein Verhalten und die Beachtung seiner Bedürfnisse dich davor bewahren, diesen Grundgedanken zu mißachten. Pferde lieben heißt sie verstehen. Die folgenden Kapitel möchten dir dabei helfen.

Le Bonnite, ein «barbarisches» Pferd (Berber)

Übung zur Ballotade

Seitwärtstreten zwischen den Pilaren

Knie- und Schenkelhaltung

Enge Volten um den Pfeiler

Körperhaltung

DAMEN IM HERRENSITZ — DIE AMAZONEN

Der griechischen Sage nach waren die Amazonen ein Volk kriegerischer Frauen, die einen eigenen «Weiberstaat» im Nordosten Kleinasiens gegründet hatten. Zahlreiche griechische Helden führten Feldzüge gegen sie oder versuchten sie zu rauben und zu entführen. Die Amazonen waren meist beritten, und wie man aus vielen Abbildungen weiß, saßen sie wie Männer auf dem blanken Pferderücken. Die Franzosen übernahmen ausgerechnet diese Bezeichnung für eine im Damensattel reitende Frau, ein — wie mir scheint — vom sprachlichen Standpunkt aus völlig unpassender Name. Ein «Damensattel» hätte diese Damen bei der Ausübung ihres kriegerischen Handwerkes sicher nur behindert . . .

In der viktorianischen Zeit, in der Mitte des 19. Jahrhunderts, wurde das Reiten von Frauen praktisch ausschließlich im Damensattel betrieben. Berühmte Rittmeister der damaligen Zeit, wie zum Beispiel der Reitlehrer Fillis in der Kaiserlich-Russischen Armee, verfaßten auch Aufsätze und Reitlehren über das richtige Reiten im Damensattel. Neben einer guten reiterlichen Ausbildung lag ihnen offenbar auch das richtige Benehmen und die passende Kleidung der jungen Frauen sehr am Herzen. Die Dame sollte zwar wie ein Mann im Sattel sitzen, mit beiden Hüften und Schultern parallel zum Ohrenpaar des Pferdes, aber unbedingt mit beiden Beinen auf der linken Seite. Reiten im Herrensitz beraube sie nämlich ihrer weiblichen Eleganz; ihre Schenkel hätten sowieso nicht die Kraft für den erforderlichen festen Knieschluß, und wenn eine Dame es doch probiere, stürze sie meist so schwer, daß sie diese Praxis bald aufgebe. Ihre Reitkleidung sollte enganliegend und auch bequem sein, lange Korsetts zum Beispiel verursachten nur Rückenschmerzen, und eine schlecht sitzende Kopfbedeckung lenke sie ab, so daß sie zuwenig an ihr Pferd denke. Die notwendige körperliche Geschmeidigkeit zum Reiten im Damensattel sollten sich die Mädchen mit Reitübungen, aber vor allem durch Tanzen, erwerben. Englische Reitlehrer rieten zu der Zeit dringend davon ab, Frauen an Jagden teilnehmen zu lassen, dies sei nicht der richtige Platz für eine junge Dame.

Einzelne Exemplare dieser «alten Schule» sollen bis auf den heutigen Tag überlebt haben . . .

1

2

3

WELCHES Q PFERD U PASS

4

5

6

1 und ☐ 2 und ☐ 3 und ☐ 4 und ☐ 5 und ☐ 6 und ☐

A

B

C

U I WELCHEM Z REITER?

D

E

F

Auflösung auf Seite 228

Denken, wahrnehmen und sich verhalten nach Pferdeart

Freunde auf Lebenszeit

Die meisten von uns kennen Pferde als Einzelwesen, die in einer Box leben und hie und da alleine auf einer kleinen Weide grasen. In der Reitschule wird schon Anfängern klargemacht, daß die Pferde in der Stallgasse, in der Reitbahn oder auf einem Ausritt voneinander entfernt zu halten seien, weil sie sich sonst gegenseitig beißen oder schlagen könnten. Anderseits scheinen Pferde ein ausgeprägtes Interesse an ihren Artgenossen zu haben: Sie wiehern und werden unruhig, wenn sie im Stall bleiben müssen, während die «Kollegen» weggeritten werden; sie sind nur mit Mühe dazu zu bewegen, bei einem Ausritt einen individuellen Weg einzuschlagen; ja sogar in der Reitbahn können sie unangenehm am Vordertier «kleben». Als Erklärung heißt es dann: Pferde sind halt Herdentiere. Was stimmt nun wirklich? Sind Pferde Einzelgänger oder Herdentiere? Und warum suchen sie so stark die Nähe anderer, obwohl sie sich offenbar nicht immer untereinander vertragen?

Zur fachgerechten Beantwortung dieser Fragen waren jahrelange Beobachtungen an Pferden nötig — und zwar an freilebenden, die praktisch unbeeinflußt vom Menschen nach ihren eigenen Neigungen leben. Und siehe da: Sei es in Amerika, in Australien oder in Europa, überall, wo Pferde noch in Freiheit leben, wollten sie weder alleine durch die Gegend ziehen noch formierten sich alle Pferde eines Gebietes dauernd zu einer großen Herde. Statt dessen beobachtete man stets kleine Gruppen, die immer die gleiche Zusammensetzung aufwiesen: ein erwachsener Hengst mit ein bis zwei, selten mehr Stuten, die zusammen mit deren Fohlen sowie ein- bis zweijährigen Jungtieren eine «Familie» bildeten. Gelegentlich führten auch zwei Hengste einen Familienverband an. Und daneben gab es auch Gruppen, in denen nur Hengste lebten. Da sich die Tiere in den gleichen Lebensraum teilten, waren Begeg-

nungen zwischen einzelnen Familien oder zwischen Familien und den Tieren aus der Hengstgruppe unvermeidlich. Sie trafen sich an der Tränke, auf dem Weg zu einem Rastplatz oder an einer Stelle, wo besonders gutes Gras wuchs. Das hinterließ den Eindruck, man habe eine Herde vor sich; bei genauerer Betrachtung konnte man aber erkennen, daß sich die Tiere der verschiedenen Gruppen kaum miteinander vermischten und die Gruppen früher oder später wieder ihre eigenen Wege gingen. Zudem verhielten sich die Pferde einer Familie gegenüber den eigenen Mitgliedern ganz anders als gegenüber fremden. Es schien bestimmte Regeln zu geben, nach denen die Pferde sich in Familien organisierten und sich von andern, ähnlichen Gruppen abgrenzten. In der Sprache der Verhaltensforschung nennt man den Umgang der Tiere untereinander «Sozialverhalten» und die Art und Weise, wie sie sich dadurch gruppieren, «Sozialstruktur».

Unter den engverwandten Pferdeartigen leben das Przewalskipferd, unser Hauspferd sowie das Steppen- und das Bergzebra in solchen Familien und Hengstgruppen. Die andern, der Asiatische und der Afrikanische Wildesel, der Halbesel und unser Hausesel sowie das Grévy-Zebra, lassen eine ganz andere Sozialstruktur erkennen. Bei diesen Ar-

Pferde sind sehr gesellige Tiere, die in der Natur zwar nicht in großen Herden, aber stets in Gruppen leben und zu ihrem Wohlbefinden den Kontakt mit ihren Artgenossen brauchen. Das müßte man bei der Haltung berücksichtigen!

ten bilden nur die Mutterstuten mit ihren Fohlen, manchmal noch mit einem Jährling dazu, stabile Kleingruppen. Die Hengste leben nicht das ganze Jahr über mit bestimmten Stuten, sondern suchen deren Nähe gezielt nur gerade während der Fortpflanzungszeit. Sie besetzen während dieser Zeit ein sogenanntes «Territorium», um dort auf rossige Stuten zu warten. Innerhalb dieses Gebietes dulden sie nur andere Hengste, wenn sich diese unterwürfig zeigen; ernsthafte Konkurrenten um die Gunst der Weibchen werden sofort verjagt. Oder sie begleiten ihre rossigen Weibchen und verteidigen diese gegen jeden andern Hengst, der die gleiche Absicht hat. Außerhalb der Fortpflanzungszeit schließen sich sowohl Stuten als auch Hengste zu teilweise gemischten größeren Gruppen zusammen. Beim Grévy-Zebra zum Beispiel können sie bis auf einige hundert Tiere anwachsen und damit zu echten Herden werden. In diesen Gruppen «kommen und gehen» alle nach Belieben; sie bleiben nur einige Stunden oder wenige Tage zusammen und gehen danach ihre eigenen Wege oder schließen sich wieder andern an. Weder feste Beziehungen zwischen erwachsenen Tieren noch starre Regeln bestimmen ihr Zusammensein. Man nimmt an, daß die Herdenbildung begünstigt wird durch das reichliche und gleichmäßig vorkommende Futter, wie es in den großen afrikanischen Steppen und Savannen während der Regenzeit die Regel ist. Wird das Futter in der Trockenzeit spärlicher, passen sich die Tiere an und ziehen nur noch in Paaren oder kleinen Gruppen durch ein Gebiet. Eigentlich könnte ja jedes dieser Tiere immer seine eigenen Wege gehen. Der zeitlich begrenzte Zusammenschluß mit andern bringt jedoch Vorteile: Die Gruppe gibt mehr Schutz vor Feinden; zum Beispiel können sich ihre Mitglieder bei der Beobachtung der Umgebung abwechseln, so daß räuberische Feinde, die sich heranschleichen, besser entdeckt werden.

Ganz anders gestaltet sich das Zusammenleben der Pferde. Durch jahrelange Beobachtungen stellten Verhaltensforscher fest, daß die erwachsenen Tiere einer Familie normalerweise ein Pferdeleben lang zusammenbleiben. Nur durch Todesfälle, den Raub einer Stute oder die Ablösung eines Familienhengstes durch einen andern Hengst können Wechsel eintreten. Da bei Pferden die Fortpflanzungszeit relativ lange sein kann, von März bis in den September, ist es für den Hengst offenbar vorteilhafter, eine oder zwei Stuten zu erobern und sie auch zu behalten. Andernfalls müßte er immer wieder eine rossige Stute erobern und sie, mit oder ohne Erfolg, gegen andere verteidigen. Dies wäre aufwendig, mit großem Risiko verbunden und ginge auf Kosten der Zeit, die der Hengst zum Fressen zur Verfügung hat. Die Anzahl Stuten in einer Familie bleibt bemerkenswert konstant; sie bewegt sich zwischen zwei und drei. Auch in Gebieten mit sehr gutem Futter wird diese Zahl nicht überschritten, was darauf hindeutet, daß ein Pferdehengst unter natürlichen Bedingungen gar nicht in der Lage ist, mehr Stuten zu erobern und gegen andere Hengste zu verteidigen. Diese stabilen Beziehungen haben zur Folge, daß sich fast ausnahmslos der Hengst in einer solchen Familie mit ihnen verpaart. Dieser ist aber nicht nur der Vater der Fohlen, die in seiner Familie zur Welt kommen, er bestimmt auch sonst weitgehend das Geschehen. Der Hengst überläßt aber oft seinen Stuten die Initiative und die Entscheidung darüber, wo und wie lange gefressen und geruht wird. Aber Stuten und die Jungtiere müssen ihm gehorchen, wenn er sie in eine bestimmte Richtung treibt; auch müssen sie ihm Platz machen, wenn er darauf besteht.

Unter den Stuten einer Familie bestimmt ebenfalls eine Rangordnung das Zusammeleben. An der Spitze steht fast immer die älteste Stute, die die besten Futterplätze belegen und am Wasserloch zuerst trinken darf. Diese Vormachtstellung wird von den andern meist anerkannt; andernfalls genügt eine Drohgeste, und die rangtiefere Stute gibt sofort nach. Die Jungtiere müssen allen älteren ausweichen. Sie dominieren nur gerade die Jüngsten. Die Fohlen stehen in der Rangordnung ganz unten. Eigentlich müßte ein Fohlen allen andern den Vortritt lassen; in der Gegenwart seiner Mutter kann es jedoch von ihrem Rang profitieren. Es darf sich unmittelbar nach ihr auf dem Wälzplatz das Fell scheuern und wird von den wartenden Altstuten nicht verjagt, da seine Mutter den andern signalisiert, daß sie sich nicht vorzudrängen haben, bis ihr Kleines den Platz freigibt.

Die Vaterschaftsrolle oder die Rangordnung machen nur einen Teil der vielfältigen Beziehungen von Familienmitgliedern aus. In der Familie kennt jeder den andern genau und weiß um dessen Eigenheiten, Stärken und Schwächen. Wer dazu gehört, teilt den gleichen Lebensraum und ist sich bewußt, welcher Platz ihm in der Gemeinschaft zusteht. Er ist dem andern zudem auch Freund und Partner. Die Zeit, die die Familienmitglieder miteinander verbringen, festigt ihre Beziehungen. Tag und Nacht, als Erwachse-

Oben: Die Pferdefamilie besteht meistens aus einem Hengst, zwei oder drei Stuten und den Fohlen.
Nächste Doppelseite: Junghengst auf einem Streifzug voll Verlangen, eine neue Familie zu gründen.

ne jahrelang, verbringen sie ihr Leben an der Seite der andern Tiere. Ihre Freundschaft ist so stark und ausschließlich, daß es fremde Pferde schwer haben, in ihren Kreis aufgenommen zu werden. Beim Fressen, beim Ruhen, am Wälzplatz oder auf Wanderungen verlieren sie sich nie aus den Augen. Werden sie getrennt, geben sie keine Ruhe, bis sie wieder zueinander gefunden haben. Sie folgen sich überallhin nach, suchen immer wieder die Nähe der andern, berühren sich häufig, helfen einander beim Abwehren von Insekten und «kraulen» sich gegenseitig das Fell.

Nun wirst du möglicherweise denken: Was hat das mit meiner Stute oder mit meinem Wallach zu tun, die ja nicht in einer solchen Gemeinschaft leben können? Sehr viel, denn würde das Zusammenleben von Pferden nicht durch eine Rangordnung geregelt, hätten wir Menschen wohl gar keine Chance, uns gegen die körperlich viel stärkeren Tiere durchzusetzen. Schon das junge Pferd lernt während seiner Ausbildung, den Menschen als ranghöheres Wesen zu akzeptieren. Im Freiland sind einmal gefestigte Rangbeziehungen sehr stabil. Positionswechsel treten ausgesprochen selten auf; kleinere Rangstreitigkeiten arten nie in Kämpfe aus, sondern werden einfach durch das bestimmte Auftreten der Ranghöheren beigelegt. So müssen wir unserem Pferd nicht jeden Tag von neuem klarmachen, daß wir im Rang «höher» stehen. Ein selbstsicheres, konsequentes und manchmal energisches Auftreten genügt vollauf. Lebt unser Pferd in Gemeinschaft mit andern, sollte man ihm die Eingliederung in die Pferdehierarchie erleichtern. Dadurch fühlt es sich viel sicherer und weiß, wie ein anderes in Konfliktsituationen reagieren wird. In einem Offenstall, wo sich die Pferde frei bewegen können, ist dies sowieso nicht zu umgehen. Es bringt nur Vorteile, wenn auch wir selbst wissen, welches Pferd welche Position innehat. So ist darauf zu achten, daß rangtiefe Pferde gegenüber den andern nicht zu kurz kommen. Sie können bei der Futterverteilung ja nicht ausweichen und die Nahrung andernorts suchen. Auch beim Putzen und Satteln, in der Bahn oder beim Ausreiten sollte man Verständnis für ihre Hierarchie aufbringen.

Mein Pferd *Juanito* zum Beispiel ist der rangtiefste im Stall. Wenn ich ihn in Gegenwart der andern putze und sattle, darf ich ihn nicht plötzlich alleine stehen lassen. Da er dabei angebunden ist, kann er ja nicht zur Seite treten, wenn die Artgenossen ihm signalisieren, daß er ihnen aus dem Weg zu gehen habe. Da mich alle Pferde im Stall kennen und mich als «Boss» wahrnehmen, gebe ich ihnen mit meiner Anwesenheit zu verstehen und setze notfalls auch durch, daß sie *Juanito* jetzt in Ruhe lassen müssen. Wenn alle Tiere frei auf der Weide oder im Offenstall sind, mische ich mich aber nicht in seine kleinen Auseinandersetzungen ein. Das könnte für mich gefährlich werden und würde *Juanito* überhaupt nichts nützen. Er ist und bleibt für die andern das rangtiefste Tier — und damit basta. Er akzeptiert dies auch ohne weiteres; mit meinem Verhalten trage ich dazu bei, daß es zu keinen unnötigen Konflikten kommt. Ich gebe ihm Leckerbissen nur, wenn die andern nicht in der Nähe sind, draußen vor dem Stall zum Beispiel oder in seinem Freßstand. Will ich auf einem Ausritt mit meinem Pferd neben einem ranghöheren Tier reiten oder es überholen, mache ich dessen Reiter darauf aufmerksam. Er kann nötigenfalls sein Pferd ermahnen, diesen Vorgang zu akzeptieren. Macht sein Pferd dennoch eine Drohgeste und meines deshalb einen Sprung zur Seite, strafe ich *Juanito* deswegen nicht, sondern erwarte vom andern Reiter, daß er seine ganze Autorität, nicht jedoch Schläge, einsetzt, damit sein Pferd ein rangtieferes neben sich akzeptiert.

Eine bestimmte Position in der Gemeinschaft mit andern Pferden und unsere Überlegenheit machen, wie gesagt, nur einen kleinen Teil der möglichen Beziehungen aus. Die Freundschaft nimmt im Leben der Pferde einen weit-

Linke Seite: Die Gemeinschaft gibt den Pferden Sicherheit. Während die einen Tiere aufpassen, können andere getrost ruhen.
Rechts: Sich wälzen ist ein natürliches Bedürfnis des Pferdes. Dabei steckt es meistens seine Gruppengenossen an – sie wälzen sich ebenfalls.

aus größeren Stellenwert ein. In natürlichen Gemeinschaften sind sie nur vielfältiger als in üblichen Haltungssystemen möglich. Freundschaftliche Beziehungen bestehen nicht nur zwischen dem Hengst und seinen Stuten, sondern auch zwischen den Stuten untereinander, zwischen ihnen und ihrem Nachwuchs oder zwischen denjenigen Hengsten, die in ihrer eigenen Gruppe leben. Im Verlaufe der Jugendzeit wechseln die Pferde ihre Partner. Als Fohlen haben sie natürlich eine enge Beziehung zur Mutter, die sie mit der Zeit auch auf ihre älteren Geschwister ausdehnen. Mit zunehmendem Alter werden Gleichaltrige wichtiger, wobei Junghengste und Jungstuten ihresgleichen bevorzugen. Als ausgewachsene Tiere bleiben sie ihren einmal gewählten Partnern treu. So verschieden auch die Partner im Leben eines Pferdes sein können, der Inhalt ihrer Freundschaftsbeziehungen bleibt immer der gleiche. Somit ist jedes Pferd jeden Alters und Geschlechts zu Freundschaft fähig und sucht sie auch sein ganzes Leben lang. Glücklich sind diejenigen Pferde in unserer Obhut, die in Gemeinschaft mit andern leben können. Sie können sich ihren Freund sogar selbst auswählen und, falls sie verständnisvolle Besitzer haben, ihre Beziehung ein Leben lang fortsetzen.

Pferde sind so tolerant, daß sie sogar uns Zweibeiner als Freunde und Partner akzeptieren. Nur: Zu einem Freund für sein Pferd wird man nicht von heute auf morgen – und mit Futterwürfeln allein schon gar nicht! Was aber braucht es denn, um eine solche Freundschaft aufzubauen? Zunächst Zeit, die du gemeinsam mit deinem Pferd verbringst. Deine Gesellschaft über viele Stunden hinweg, die du im Stall oder auf der Weide an seiner Seite verbringst, kann ihm die Familie ersetzen, mit der es ja auch die ganze Zeit grasen oder ruhen würde. Pferde, die sich mögen, folgen einander überallhin; zeig deinem Reittier auf langen Spaziergängen, daß du seine Freundschaft suchst. Halte still und wehre es nicht ab, wenn es seinen Kopf an dir reiben möchte, es beweist damit seine Zuneigung. Laß dir Zeit beim Putzen und nimm dir vor allem die Gegend um den

Junge Pferde wechseln ihre Beziehungen oft. Zwischen Erwachsenen jedoch entstehen Freundschaften, die über viele Jahre bestehen bleiben und den Zusammenhalt der Gruppe gewährleisten.

Widerrist und den Rücken vor. Das sind die Stellen, die es selbst nicht erreicht und die sich unter Pferden nur Freunde gegenseitig kraulen. Hat es deine Absicht verstanden, mußt du nun aber aufpassen: Wie bei Partnern üblich, wird es versuchen, dich seinerseits zu putzen. Drehe also liebevoll, aber bestimmt seinen Kopf weg und mache ihm klar, daß diese Gunst nicht erwünscht ist. Übrigens eignet sich die Stelle seitlich vom Widerrist auch ganz hervorragend, um ein unruhiges oder aufgeregtes Pferd durch Kraulen zu

beruhigen. Wenn dein Pferd dann eines Tages dein Kommen freudig bewiehert und sich von den andern auf der Weide löst, um dich zu begrüßen, hast du einen treuen Freund gewonnen. Entzieh ihm deine Freundschaft nicht einfach ohne Grund. Freunde bleibt man auf Lebenszeit und auf Gegenseitigkeit. Ich werde den Anblick eines älteren Familienhengstes in der Camargue nie vergessen, der nach dem Tode seiner letzten Stute über ein Jahr lang alleine blieb und sich keinem andern Pferd anschließen wollte . . .

Camarguepferde. Das Leittier bestimmt den Zeitpunkt des Aufbruchs und die Richtung und führt stets die Gruppe an. Trotz der strengen Rangordnung bestehen freundschaftliche Beziehungen zwischen den Tieren.

Wie Pferde untereinander und zu uns «spechen»

Pferde haben sehr viele Möglichkeiten, sich mit ihren Artgenossen, aber auch mit uns zu verständigen. Ihr Gesichtsausdruck, ihre Kopf- und Halsstellung und ihre gesamte Körperhaltung bilden ihre Sprache, mit der sie Freundschaft, Überlegenheit, Rivalität, Schutz, Fürsorge und vieles andere ausdrücken können. Ihre Mimik und ihre Gesten müssen sie größtenteils nicht erlernen; schon ganz junge Fohlen kennen ihre Bedeutung. Jeder, der mit Pferden umgeht, hat sicher schon das Gesicht eines Pferdes gesehen, das neugierig und aufmerksam seine Umgebung mustert: Es steht still, wirft den Kopf auf, weitet die Nüstern, um auch geruchlich etwas über seine Umgebung in Erfahrung zu bringen, blickt starr und spitzt die Ohren. Überhaupt sind letztere das eigentliche «Stimmungsbarometer» des Pferdes. Gespitzte und nach vorne gerichtete Ohren verraten Aufmerksamkeit und die Bereitschaft, Kontakt aufzunehmen. Hängen sie leicht seitlich herunter und sind die Augen halb geschlossen, döst das Tier. Mit nach hinten angelegten Ohren droht es oder drückt seinen Unmut aus. Dabei sind die Nüstern verschmälert, das Maul nach hinten gezogen und die Gesichtsmuskeln angespannt. Dieser Gesichtsausdruck kündet auch einen bevorstehenden Schlag mit den Hinterhufen an. Stuten schlagen übrigens häufiger nach hinten aus als Hengste, die ihre Streitereien mehr frontal austragen, mit Aufbäumen, Beißen und Schlagen mit der Vorderhand. Tritt die gewünschte Wirkung durch ein Drohgesicht nicht ein, machen Pferde ihre Absicht noch deutlicher: Sie sperren das Maul auf und entblößen die Schneidezähne. Wer auch jetzt noch nichts verstanden hat und sich nicht schleunigst aus dem Weg macht, riskiert einen schmerzhaften Biß.

Eine besondere Haltung nehmen Familienhengste ein, wenn sie ihre Stuten in eine bestimmte Richtung dirigieren möchten. Sie zeigen nicht nur ihr Drohgesicht, sondern unterstreichen dessen Ausdruck noch, indem sie den Kopf bei gestrecktem Hals fast auf den Boden senken und ihn in dieser Hal-

Zur «Sprache» der Pferde gehören akustische Signale wie das schmetternde Wiehern (links), mit dem die Tiere über große Distanzen Kontakt miteinander aufnehmen können, sowie Duftsignale. Bei der Wahrnehmung besonders interessanter Düfte flehmen die Pferde (rechts): Sie bringen so Duftstoffe in ein spezielles Geruchsorgan (Jacobsonsches Organ).

tung je nach der gewünschten Richtung hin und her bewegen. Eines der auffälligsten Gesichter ist das von jungen Pferden gezeigte «Unterlegenheitskauen». Bei gesenktem Hals und Kopf öffnen sie das Maul, entblößen die Schneidezähne und kauen übertrieben deutlich, ohne etwas im Maul zu haben. Machmal knicken sie dabei in den Vorderbeinen ein, machen sich dadurch kleiner und kneifen den Schweif ein. Junge Tiere, vor allem Junghengste, nehmen Zuflucht zu dieser Mimik, wenn sie vom Familienhengst bedroht werden, dessen Weg kreuzen oder ihn begrüßen. Es scheint eine beschwichtigende Geste zu sein — jedenfalls unterbleiben danach massivere Drohgesten. Dem älteren wird so signalisiert, daß der «Kleine» seine höhere Position nicht in Frage stellt. Den gleichen Gesichtsausdruck zeigen auch Fohlen, die sich zu fremden Stuten verirren oder die vor einer schwierigen Passage oder einem Wassergraben zurückschrecken. Damit wird wohl das Gefühl einer allgemeinen Unsicherheit kundgetan.

Mit den Ohren drücken Pferde nicht nur ihre Stimmung aus, sie hören damit auch ganz ausgezeichnet — jedenfalls besser als wir. Mit ihrem langen Hals und den beweglichen Ohrmuscheln können sie Töne sehr gut orten. Und sie wissen, welches Pferd gewiehert hat, auch wenn dies weit entfernt oder

Linke Seite oben: Herzhaftes Gähnen.
Linke Seite unten: Meistens genügt eine Drohgeste, manchmal braucht es einen schnellen Biß, um zu zeigen, wer der Chef ist.
Rechts: Zwischen Hengsten kann es zu handfesten Auseinandersetzungen kommen.
Nächste Seite: Pferde sehen gut, vor allem auf größere Distanzen, und hören ganz ausgezeichnet. Mit den Ohren signalisieren sie aber auch Stimmungen.

sogar außer Sichtweite geschieht. Je weiter Pferde voneinander entfernt sind, desto lauter rufen sie einander. Tiere, die sich gut kennen und nach einer Trennung wieder zusammenkommen, begrüßen sich hingegen mit kurzen und tiefen Tönen. Auch auf das helle Trompeten eines Fohlens antwortet die Mutter mit tiefen, brummenden Lauten. Hengste verfügen noch über weitere Lautäußerungen: Sie können grunzen, quietschen und auch regelrecht schreien. Grunzende Laute begleiten die Werbung und das Paarungsvorspiel eines Hengstes. Für unsere Ohren tönt das Quietschen und das Schreien fordernd und aggressiv, und sicher ist es auch so gemeint. Wenn sich Hengste nämlich gegenseitig imponieren wollen, wölben sie den Hals, berühren sich gegenseitig an der Nase, reißen, während sie mit einem Vorderbein heftig auf den Boden stampfen, gleichzeitig den Kopf hoch und quietschen laut. Solche Begegnungen dienen der gegenseitigen Demonstration des Rangs und verlaufen in der Regel auch friedlich. Rangdemonstrationen enden häufig mit Koten: Einer der beiden Beteiligten riecht an einem alten, herumliegenden Stück Mist, macht einen Schritt darüber und setzt neuen Kot ab. Gemeinsam mit dem andern wird dieser dann ausgiebig berochen. Nur der Dominantere von beiden wird es wagen, als letzter, in Anwesenheit des andern, seinen Kot darüber zu setzen. Wird dieser Anspruch vom Unterlegenen akzeptiert, entfernt er sich. Handelt es sich bei den beiden Tieren um unbestrittene Familienhengste, ist die Reihenfolge des Kotens nicht mehr so entscheidend. Je nach Situation, zum Beispiel wessen Stuten sich gerade auf den Weg zur Tränke machen, entfernt sich der eine Hengst als erster, ohne abzuwarten, bis der andere gekotet hat, oder ohne dies selbst zu tun. Man kennt sich ja und weiß, daß der andere den gleichen Status als Familienoberhaupt innehat. Ernsthafter verlaufen solche Begegnungen, wenn ein Junghengst daran beteiligt ist. Er besitzt ja noch keine Stuten und ist darum für jeden Familienhengst ein möglicher Rivale. Anerkennt der jüngere die Vormachtstellung des älte-

ren nicht und versucht als letzter zu koten, kann es zum Kampf kommen. In seltenen Fällen beginnen Hengste einen Angriff aus einer solchen Situation mit einem Schrei und drücken damit ihre höchste Erregung aus.

Pferde haben einen ganz ausgezeichneten Geruchssinn. Alte oder frische Kothaufen, die in ihrem Gebiet liegen, erregen immer wieder die Aufmerksamkeit der Hengste. Vielleicht können sie beim Beriechen feststellen, von welchem Hengst oder von welchen Stuten sie stammen. Familienhengste markieren jedenfalls mit ihrem eigenen Harn die Ausscheidungen ihrer Stuten — und nur diese. Ganz besonders ausgiebig berochen und häufig überharnt werden die Ausscheidungen der rossigen Stuten. Danach flehmen die Hengste häufig, das heißt, sie strecken Kopf und Hals in die Höhe und werfen die Oberlippe auf, bis sich die Nüstern fast schließen. Damit wird der Zugang zum sogenannten Jacobsonschen Organ frei, das sich am Grund der Nasenhöhle befindet. Mit dessen Hilfe können Pferde feinste Geruchsnuancen unterscheiden. Sie gebrauchen es auch, wenn sie einen Geruch noch nicht kennen und ihn genau prüfen wollen, zum Beispiel Tabakrauch oder ihnen unbekanntes Futter. Mit ihrem Geruchssinn sollen Pferde auch imstande sein, Wasser auf größere Distanz zu orten.

Pferde können genauso herzhaft gähnen – oft fälschlich als «lachen» interpretiert – wie wir. Allerdings gähnen sie nicht, wenn sie besonders müde sind, sondern beim Munterwerden, nach einer längeren Ruhephase oder beim Verlassen des Wälzplatzes. Wahrscheinlich um sich zu entspannen, gähnen Hengste ganz herzhaft nach dem Liebesspiel oder nach Auseinandersetzungen mit Rivalen.

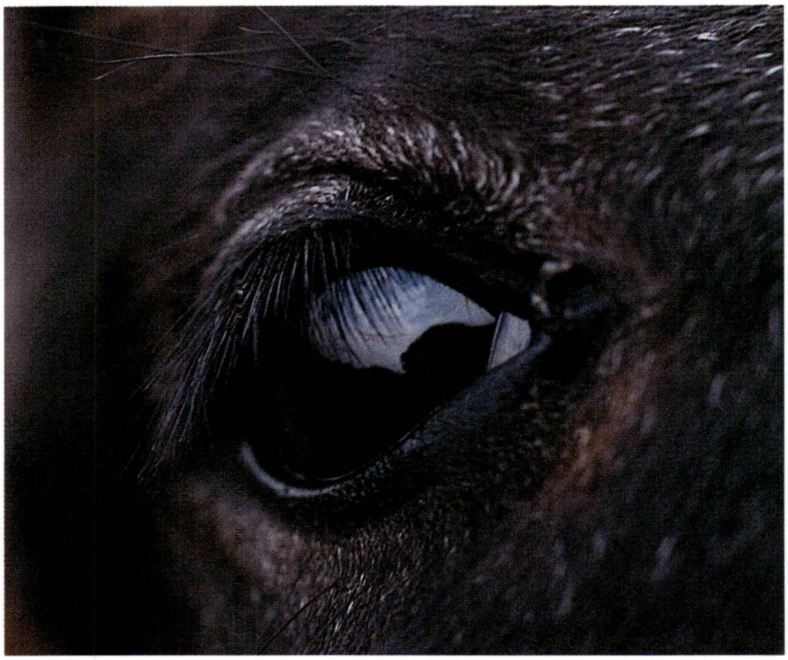

Pferdeaugen sind anders konstruiert als jene des Menschen. Durch bestimmte Kopfstellungen stellen Pferde ihre Augen auf verschiedene Entfernungen scharf ein.

Welches Bild machen sich Pferde von uns und von ihrer Umwelt?
Die teuerste Reitkleidung, die farbenprächtigsten Accessoires mögen bei andern Reitern Bewunderung auslösen, dem Pferd sind sie wohl ziemlich gleichgültig. Es wird den neuen Pullover in dem herrlichen Rot wahrscheinlich bemerken, weil er eben ganz neu ist und daher noch nicht nach seinem Besitzer riecht. Aber seine modische Farbe wird es kaum bemerken: Pferde sind nämlich mit größter Wahrscheinlichkeit farbenblind! Am ehesten kann ein Pferd wohl den blauen Himmel erkennen, denn die sogenannten «Stäbchen» in der Netzhaut sind am empfindlichsten auf Blautöne. Von ihnen besitzt es weit mehr als von den Zäpfchen, die auf Rottöne reagieren. Wenn man die Hindernisstangen im Parcours rot-weiß bemalt, dann deshalb, weil diese kontrastreiche Färbung ein Muster ergibt, das sich für Pferde gut vom übrigen Hintergrund abhebt. Aber auch die bunteste Bemalung kann nicht verhindern, daß Pferde beim Anreiten mit tiefem Kopf ein Hindernis nicht rechtzeitig sehen, jedenfalls nicht scharf. Das hängt mit der Bau- und Funktionsweise ihrer Sehorgane zusammen. Wie so viele Wirbeltiere besitzen Pferde Augen, die veränderlich sind, so daß aus der Ferne und aus der Nähe ein gleichermaßen scharfes Bild auf die Netzhaut projiziert werden kann. Das Umschalten von Fern- auf Nahsicht geschieht bei den Pferden allerdings auf spezielle Art. Die Linse kann kaum (jedenfalls nicht so stark wie die unsere) ihre Form verändern, um von «fern» auf «nah» umzustellen, denn der für diese Bewegung zuständige Muskel ist zu schwach ausgebildet. Diesen Mangel gleichen Pferde dadurch aus, daß sie ihren Kopf heben oder senken oder ihre Augen bewegen. So kann ein Objekt auf einer bestimmten Stelle der Netzhaut scharf abgebildet werden. In der Nähe liegende Gegenstände werden in der oberen Hälfte der Netzhaut, entfernt liegende dagegen in der Mitte wahrgenommen. Da der Augapfel des Pferdes nicht gleichmäßig rund, sondern leicht abgeflacht ist, sind die

Abstände von der Linse zur Netzhaut unterschiedlich groß. Um ein Hindernis im mittleren bis fernen Bereich mit beiden Augen scharf zu sehen, versuchen Pferde den Kopf zu heben. Kurz vor dem Hindernis versagt zudem ihre normale, zweiäugige Sehweise. Dann drehen sie den Kopf, um es mit einem Auge scharf einzuschätzen. Die Reiter im Parcous zwingen mit Hilfe eines meist zu kurz geschnallten Martingals den Kopf ihrer Pferde herunter und verweigern ihnen so die nötige Bewegungsfreiheit vor dem Absprung, um das Hindernis selbst beurteilen zu können. Den Pferden bleibt nichts anderes übrig, als ihren Reitern «blind» zu vertrauen, daß sie ihnen im richtigen Moment den Absprung signalisieren. Aus dem gleichen Grund versuchen Pferde beim Treten über Stangen am Boden den Kopf zu senken. Nur so können sie die Stangen überhaupt sehen und ein Stolpern vermeiden.

So schlecht die Augen eines Pferdes an einen Ritt im Stangenwald des Parcours angepaßt sind, so hervorragend erweisen sie sich für das Leben als Weidegänger. Pferdeaugen gehören zu den größten Augen im Tierreich. Das Gesichtsfeld der Augenpaare überlappt sich auf der Vorderseite in einem Winkel von sechzig bis siebzig Grad, so daß sie beidseitig und damit räumlich sehen können. Dank der seitlichen Stellung der Augen und dem beachtlichen Umfang ihrer Netzhaut sind sie in der Lage, einen außerordentlich großen Bereich ihrer Umwelt zu erfassen. Nur gerade der Teil, der sich genau hinter und unmittelbar vor ihnen befindet, entgeht ihnen bei normaler Kopfhaltung. Eine leichte Drehung des Kopfs genügt jedoch, um auch diese «blinden» Räume ins Blickfeld zu bringen. Das Sehvermögen der Pferde ist dem unsrigen in der Dämmerung und nachts bei

Ein Rascheln kann Panik auslösen, denn Pferde haben in ihrer Geschichte gelernt, auf Gefahrenzeichen sofort und «kopflos» zu reagieren.

weitem überlegen. Ihre Lichtempfindlichkeit geht aber auf Kosten des Auflösungsvermögens. Pferde sehen also mehr, aber weniger scharf. Unbewegte Gegenstände werden zudem schlechter wahrgenommen als bewegte; man erklärt sich dies dadurch, daß ihre Netzhaut eine große Zahl von Nervenzellen aufweist, die nur auf Bewegungsreize reagieren. Das hat sich im Verlaufe der Geschichte allerdings als Vorteil erwiesen. Sich heranschleichende Räuber können so frühzeitig entdeckt werden.

Auch wenn die Pferde nicht genau erkennen können, wer sich ihnen nähert, haben sie gelernt, lieber gleich zu flüchten, als mit einem Zögern ihr Überleben aufs Spiel zu setzen. Die einzige «Waffe» der Pferde gegen ihre Feinde ist ihre Schnelligkeit bei der Flucht. Mit ihrem starren Rücken, den hoch angesetzten Sprunggelenken, den erweiterungsfähigen Nüstern, die für einen großen Luftaustausch sorgen, und einer ausgezeichneten Blutversorgung der Muskelpakete sind sie dafür gewappnet. Die einzigen noch verbleibenden Räuber freilebender Pferde sind heute Pumas und Wölfe. Sieht ein Leithengst etwas Fremdes am Horizont auftauchen, wirft er den Kopf hoch und schnaubt. Das alarmiert die andern Mitglieder der Familie, die sich hinter ihm gruppieren. Stellt sich die Störquelle als bedeutsam heraus, entfernen sich die Pferde, um nach fünfzig bis hundert Metern wieder innezuhalten. Mit weit geöffneten Nüstern versuchen sie die Witterung des vermeintlichen Feindes aufzunehmen. Sie passen ihre Geschwindigkeit jedoch der Gefährlichkeit der Situation an. Noch weit entfernten Objekten weichen sie im Schritt oder im Trab aus. Damit vergeuden sie auch keine Kräfte in Gefahrensituationen, die sich im nachhinein vielleicht als harmlos herausstellen. Werden sie hingegen in ihrer unmittelbaren Umgebung überrascht, flüchten sie in plötzlichem Galopp.

Zwischen Pferden und Menschen können Freundschaften entstehen, aber das geschieht nicht von einem Tag auf den anderen und ist nur möglich, wenn das Tier den Menschen als ranghöheren Gruppengenossen akzeptiert hat. *Lato* zum Beispiel folgt Monika auf der Weide, obschon er eigentlich gern Gras naschen möchte (linke Seite). Er liebt es, mit ihr Schabernack zu treiben (oben), oder begrüßt sie mit einem sanften Nasenstups (rechts oben). Auch *Bandola* schmust bei jeder Gelegenheit mit Kim, und *Saga* läßt sich die Zärtlichkeiten von Nina mit offensichtlichem Wohlbehagen gefallen (rechts unten).

Vom Achal-Tekkiner zum Zwerghackney

Die Verwirrung mit dem Equus przewalskii

Jemand hat einmal behauptet, sämtliche Hauspferderassen stammten vom Przewalskipferd ab. Damit war er ganz bestimmt auf dem Holzweg. Ein Irrtum kann einmal passieren und wäre ja weiter auch nicht tragisch – aber manche Irrtümer können sich jahrzehntelang hartnäckig halten und durchsetzen. So wird das Przewalskipferd in unzähligen Pferdebüchern als der Stammvater der Hauspferde vorgestellt. Mit Sicherheit ist dieses Asiatische Steppenwildpferd nicht der alleinige Stammvater und nicht einmal der wichtigste.

Die Hauspferde entstanden aus verschiedenen Typen von Wildpferden.

Im folgenden wird es ziemlich kompliziert. Wenn wir hier versuchen, die Verwirrung um das Przewalskipferd aufzulösen, mag dies auf den ersten Blick noch mehr Verwirrung stiften. Falls es dir genügt, einfach zu wissen, daß das Przewalskipferd nicht allein für die Entstehung der Hauspferde zuständig war, kannst du die nächsten drei Abschnitte überspringen. Aber wenn du genau wissen willst, *warum* das so ist, dann mußt du dich jetzt ganz auf den Text konzentrieren:

Wir wissen heute, daß verschiedene Formen von Wildpferden domestiziert wurden. So nennt man den Vorgang, wenn Menschen Wildtiere fangen, zähmen und zur Fortpflanzung bringen, also züchten. Diese Formen waren zum Teil sehr unterschiedlich. Es gab pummelige Ponys, mächtige Tundrenpferde, gazellenhaft feine und schnelle Pferdchen der Wüstengebiete sowie auch verschiedene Zwischenstufen. Alle diese Formen waren sogenannte «geographische» Rassen – weil sie in verschiedenen Gegenden der Weltgeographie lebten. Man nennt sie auch Unterarten. Diese Tiere gehören nämlich, trotz der oft großen Unterschiede im Körperbau, alle zur selben Art. Sie können sich also beliebig miteinander verpaaren, wenn sie zusammenkommen, und zeugen fruchtbare Nachkommen. Es verhält sich also genauso wie bei uns Menschen: Auch wir gehören alle zur selben Art, ganz unabhängig von Körperbau und Hautfarbe. Darum können sich Afrikaner, Indianer, Asiaten, Europäer usw. biologisch betrachtet problemlos vermischen.

Diese Urwildpferdeart mit den verschiedenen Unterarten trägt den wissenschaftlichen Namen *Equus przewalskii* – und diese Bezeichnung ist vielleicht schuld an der ganzen Verwirrung. Alle Wildformen, ob wir sie nun Tarpane, Urponys, Urkaltblüter oder Urvollblüter nennen, heißen also im wissenschaftlichen Sprachgebrauch *Equus przewalskii.* Das erste Wort eines wissenschaftlichen Namens – in diesem Falle also *Equus* – bezeichnet immer die Gattung, das zweite die Art. Ist noch ein drittes Wort angehängt, so bezeichnet dieses die Unterart oder Rasse. Die exakte Bezeichnung der Przewalskipferdes lautet *Equus przewalskii przewalskii.* Der Steppentarpan, übrigens wahrscheinlich der erste und ein ganz wichtiger Vorfahre der Hauspferde, heißt mit wissenschaftlichem Namen *Equus przewalskii gmelini,* der Waldtarpan, der auch in Mitteleuropa lebte und im 18. Jahrhundert ausgerottet wurde, *Equus przewalskii silvaticus,* das vor einigen tausend Jahren ausgestorbene Urwildpony *Equus przewalskii grazilis* usw.

Zwei verschiedene *Arten* können sich in der Regel nicht erfolgreich verpaaren. Nur wenn zwei Arten nahe miteinander verwandt sind, kann Nachwuchs entstehen – aber die Nachkommen sind fast ausnahmslos unfruchtbar; diese können sich also nicht weiter fortpflanzen. Man kann daher ein Pferd *(Equus przewalskii)* mit einem Esel *(Equus asinus)* kreuzen und erhält dann Maultiere oder Maulesel, welche in der Regel unfruchtbar sind. Wenn wir schon bei diesen so liebenswerten Mischlingen sind: Das Maultier entsteht aus der Paarung eines Eselhengstes mit einer Pferdestute. Der meist kleinere Maulesel wurde von einem Pferdevater und einer Eselmutter gezeugt. Übrigens gilt: Alle Pferdeartigen kann man auf diese Weise kreuzen, also auch Zebras mit Eseln oder Pferde mit Zebras.

Jetzt hast du den schwierigsten Teil bereits durchgeackert. Bravo! Von nun an wird alles leichter verständlich.

Wie die Pferderassen entstanden sind

Spätestens die alten Griechen, vermutlich aber schon frühere Kulturvölker wie zum Beispiel die Ägypter, haben begonnen, Pferde nach bestimmten Merkmalen zu züchten und nicht mehr einfach beliebig zu vermehren. Das heißt, sie haben Stuten und vor allem Hengste zur Zucht ausgewählt, die ihnen besonders gut gefallen haben, besonders schnelle oder starke Tiere oder solche, die über andere geschätzte Eigenschaften verfügten.

Sehr früh, um 500 vor Christus, züchteten die Perser gezielt gefleckte Pferde. Das führte zu einem jahrelangen Krieg mit den Chinesen. Der chinesische Kaiser Wu Ti (126 v. Chr.) bot den Persern nämlich eine große Menge Gold gegen einen Zuchtstock gefleckter Pferde an, doch diese schlugen das Angbot aus. Die Schecken galten nämlich als heilig und waren dem König und seinem Hofstaat vorbehalten. Wu Ti schickte erzürnt seine Heerscharen los, um seinen Wunsch mit Gewalt durchzusetzen, aber bis diese Krieger endlich einige gefleckte Pferde nach Hause brachten, hatten 40 000 Mann und 100 000 Pferde ihr Leben verloren. Das ist ein Beispiel dafür, wie unsinnig Kriege sind.

Doch zurück zur Pferdezucht: Durch die Selektive Zucht entstanden im Laufe der Jahrhunderte viele verschiedene Hauspferderassen, insgesamt rund dreihundert. Die Leistung mancher Pferdezüchter war zweifellos großartig und soll auch in keiner Weise geschmälert werden. Dennoch steht fest, daß die Grundlage zur großen Vielfalt der Rassen schon vor dem menschlichen Eingreifen durch die Natur selbst geschaffen worden war.

Natürliche Auslese

Das Leben in freier Wildbahn ist nicht immer das reine Honiglecken. Wildtiere sind verschiedensten Gefahren ausgesetzt: Raubtiere, Kälte, Hitze, Nahrungsmangel und weitere Widerwärtigkeiten fordern ihre Opfer. Schwächliche und kranke Tiere haben keine Überlebenschance. Das mag grausam sein, aber hat seinen tieferen Sinn. Denn nur wenn sich gesunde, starke, widerstandsfähige Tiere fortpflanzen, bleibt der Bestand einer Tierart gesund und lebenstüchtig. Bei den Pferden haben zudem nur verhältnismäßig wenige Hengste – die besonders starken, selbstbewußten und «intelligenten» – die Chance, eine Stutenherde zu erobern und im Kampf gegen die eifersüchtigen Nebenbuhler zu verteidigen. Nur die besten vererben also ihre Qualitäten weiter. Läßt ihre Kraft nach, müssen sie unerbittlich einem Jüngeren weichen. Die Natur trifft also, wie der kluge Züchter auch, eine konsequente Zuchtauswahl.

Auch die Landschaft, das Klima und das Nahrungsangebot spielen bei der Zuchtauswahl ihre Rolle. Je extremer die Lebensbedingungen sind, desto stärker müssen sich die Tiere spezialisieren und anpassen. In den Moor- und Gletscherlandschaften des Nordens entwickelte sich daher ein kleines, stämmiges Pferdchen mit besonders starken Zähnen und einem geräumigen Rumpf, der leistungsfähigen Verdauungsorganen Platz bot. So konnte es sich auch von holzigen Kräutern, Baumrinden usw. ernähren. Das üppige, fettige Fell schützte es bestens vor der naßkalten Witterung und der sommerlichen Insektenplage. Unsere heutigen Nordponys, Isländer, Shetländer, Exmoor- und Dartmoorponys, Fellponys und wie sie alle heißen sind also nicht «Erfindungen» von uns Menschen, sondern stammen von Urwildponys ab und besitzen heute noch die wichtigen Eigenschaften ihrer Vorfahren, auch wenn sie unter dem züchterischen Einfluß des Menschen da und dort etwas «umgebaut» worden sind.

Einen extremen Lebensraum bilden auch die Wüstengebiete im südwestlichen Asien. Die Pferde, die hier lebten, hatten mit ganz anderen Problemen fertig zu werden. Sie waren in der offenen Landschaft leicht zu entdecken und mußten stets zu blitzschneller Flucht bereit sein. Ihr Körperbau war fein und ganz auf Schnelligkeit ausgerichtet, ihr Temperament explosiv, ihr Wesen hellwach. Wie wir auf zahlreichen Reliefs

Linke Seite: Der Haflinger, ein Kaltbluttyp.
Oberes Bild: Exmoorponys sind fast rein erhaltene Urwildponys.
Unteres Bild: Camarguepferd, ein kleiner Warmbluttyp.
Nächste Doppelseite: Verwilderte Warmblutpferde in der Namibwüste.

und Wandgemälden erkennen können, besaßen die Ägypter und Assyrer schon vor drei- bis viertausend Jahren Pferde dieses Wüstentyps, die Grundlage für die spätere Zucht des unvergleichlichen Arabischen Vollblutpferdes.

Weit weniger extremen Bedingungen waren jene zahlreichen Pferde ausgesetzt, die in den riesigen Steppen Osteuropas und Asiens und in den Wäldern Mitteleuropas lebten. Auch sie mußten schnell und ausdauernd sein, denn sie standen weit oben auf dem «Speisezettel» der Wölfe. Ansonsten aber brauchten sie keine besonders hohe Spezialisierung. Drei Formen die-

Der Ursprungstyp des Araberpferdes war bereits ein schnelles, feingliedriges Wildpferd der Wüste. Die Assyrer und die Ägypter züchteten schon vor 3000 bis 4000 Jahren araberähnliche Pferde, wie wir aus zahlreichen Darstellungen wissen. Heute werden Araber in aller Welt gezüchtet.
Oben siehst du einen Vollblutaraber in der Schweiz, rechts zwei Araber in New Mexico, USA.

ses Pferdetyps sind uns noch besonders gut bekannt, denn sie sind erst in jüngerer Zeit ausgerottet worden: Der letzte Waldtarpan starb im 18., der letzte Steppentarpan im 19. Jahrhundert. Sie waren wohl die wichtigsten Vorfahren unserer Hauspferde, und man hat es ihnen schlecht gedankt. Beinahe wäre es auch dem dritten im Bunde, dem Przewalskipferd, endgültig an den Kragen gegangen. Mit wenigen Dutzend Exemplaren dieses letzten echten Wildpferdes aus verschiedenen Tierparks baute man eine systematische Zucht auf. Heute gibt es immerhin wieder ein paar hundert Przewalskis.

VOLLBLÜTER

Es gibt nur zwei Rassen auf der Welt, die man als Vollblutpferde bezeichnen darf: das reingezogene Araberpferd und das Englische Vollblut.

Das Arabische Vollblut

Die Geschmäcker sind verschieden – vom kleinwüchsigen Shetty bis zum tonnenschweren Shire Horse finden alle Rassen ihre Liebhaber. Dennoch ist der Araber das wichtigste Pferd in der Geschichte der Pferdezucht. Für sehr viele Leute verkörpert er auch das schönste und vollkommenste Pferd.

Um den Ursprung der Rasse ranken sich viele Legenden. Die Vorfahren waren mit großer Wahrscheinlichkeit feine, windschnelle Urwildpferde der Wüsten, die offenbar schon von den alten Ägyptern domestiziert worden waren.

Entscheidend für die weitere Entwicklung des Arabers war aber der geniale Pferdeverstand des Propheten Mohammed; in seiner heiligen Schrift, dem Koran, erteilte er Anweisungen und Vorschriften für die Zucht der Araberpferde. Jahrhundertelang lag die Zucht in den Händen der Beduinen im arabischen Hochland. Hier zählte nur die Leistung: Härte, Schnelligkeit, Ausdauer, Anspruchslosigkeit und Ergebenheit bis zur totalen Erschöpfung. Ausschließlich Tiere mit diesen Qualitäten wurden zur Fortpflanzung verwendet, und auf die Reinhaltung der verschiedenen Stammlinien legten die Züchter größten Wert.

Links: Das Arabische Vollblutpferd gilt bei vielen Leuten als die edelste und schönste Pferderasse.
Rechte Seite: Zweifellos sind die Araber die wichtigste Pferderasse, vor allem weil durch sie sehr viele Pferde- und Ponyrassen in aller Welt veredelt wurden und weil sie die Zuchtgrundlage für das Englische Vollblut bildete.

Etwa ab dem 14. Jahrhundert wurden arabische Pferde von Händlern aus der ganzen Welt gesucht, gekauft und exportiert. Die meisten Warmblutrassen der Welt und auch viele Kaltblut- und Ponyrassen sind durch Arabereinkreuzungen veredelt worden. Sie wurden dadurch vor allem lebhafter, «rittiger», schneller und ausdauernder, aber auch viel umgänglicher. Der außergewöhnlich freundliche Charakter, das dem Menschen zugewandte, wache Wesen und die besondere Lernfähigkeit sind weitere hervorstechende Merkmale des Araberpferdes. Orientalische Pferde spielten aber auch die Hauptrolle bei der Entstehung des Englischen Vollblutpferdes.

PS: Mit meiner Schwärmerei für das Arabische Vollblut will ich dir jetzt keinen Floh ins Ohr setzen. Es gibt auch viele andere wundervolle Pferde. Und schließlich ein tröstendes Wort: Auch ich mußte nach dem überwältigenden Anblick des ersten Vollblutarabers gut zwanzig Jahre warten, bis ich meinen Hanaya Raqqas in den eigenen Stall führen konnte.

Das Englische Vollblut

Zu den besonderen Charakterzügen des Engländers gehören die Spielleidenschaft und das besondere Talent zur Haustierzucht. Diese beiden Eigenschaften waren sicher ausschlaggebend für die überragenden Qualitäten des Englischen Vollblutpferdes.

Pferderennen, bei denen um Geld gewettet wurde, sind bei den Engländern ein uraltes Vergnügen. Schon vor über siebenhundert Jahren begannen die Inselbewohner, in Rennen bewährte Ponyhengste und -stuten zu verpaaren und damit gezielt auf Schnelligkeit und Ausdauer zu züchten. Kein Wunder, daß die orientalischen Hengste, die ab dem 15. Jahrhundert immer häufiger ins Land kamen, sehr begehrt waren, um einheimische Ponystuten zu decken.

Die eigentliche Vollblutzucht begann um das Jahr 1700. Die weibliche Grundlage dazu bildeten ein paar Dutzend Ponystuten, die vermutlich alle schon viel orientalisches Blut in den Adern hatten. Im Zuchtbuch des Englischen Vollblutpferdes, im «General Stud Book», sind insgesamt 103 orientalische Hengste eingetragen, aber erstaunlicherweise starben alle Hengstlinien aus – bis auf drei. Alle Englischen Vollblüter der Erde – es sind heute rund eine Million – stammen von diesen drei Hengsten ab! Diese trugen, wie es zu jener Zeit üblich war, die Namen ihrer Besitzer: *Byerley Turk, Darley Arabian* und *Godolphin Barb.*

Nehmen wir die drei Helden ein wenig unter die Lupe: Als die Engländer 1683 die von den Türken belagerte Stadt Wien befreien halfen, fiel einem Hauptmann Byerley ein hellbrauner Hengst in die Hände. Wie sehr viele Pferde der Türken war er sehr edel gezogen, möglicherweise ein reiner Araber. Der Hauptmann ritt den Hengst

noch sieben Jahre lang. Danach kam *Byerley Turk* nach England ins Gestüt. Er deckte dort zwar nicht sehr viele Stuten, aber unter seinen Nachkommen waren einige ganz hervorragende Tiere. Vor allem sein Ururenkel *King Herod,* der 1758 zur Welt kam, war einer der größten Vererber in der Geschichte der Vollblutzucht.

Ganz unspektakulär ist die Geschichte von *Darley Arabian.* Er soll in Syrien von Thomas Darley gegen ein Gewehr eingetauscht worden sein. Thomas schickte den wunderschönen, reingezogenen Araber seinem Bruder Richard, wo der Hengst bis ins hohe Alter von dreißig Jahren Stuten deckte. Von seinen vielen ausgezeichneten Nachkommen war der Ururenkel *Eclipse* der wichtigste. Er kam am 1. April 1764 während einer Sonnenfinsternis zur Welt – *eclipse* bedeutet Sonnenfinsternis. Weil er ein sehr schwieriges Temperament hatte, wollte man ihn kastrieren, ließ es dann aber zum Segen der ganzen Vollblutzucht bleiben. *Eclipse* lief 18 Rennen und siegte immer hoch überlegen, ohne daß er jemals von seinem Jockey besonders angetrieben werden mußte. Vor allem aber vererbte er seine Qualitäten mit durchschlagendem Erfolg. Aus seiner Blutlinie stammen heute über neunzig Prozent aller Englischen Vollblüter ab.

Der Einfluß von *Godolphin Barb* auf die Vollblutzucht ist bedeutend geringer, dafür ist seine Geschichte um so bemerkenswerter. Er war ein Berberpferd mit viel Araberblut, besaß einen perfekten Körperbau, aber mit seinem gewaltigen Speckhals und den winzigen Ohren wäre er an jeder Schönheitskonkurrenz ausgepfiffen worden. Ein Adeliger aus Tunis schenkte das Pferd dem französischen König Ludwig XV. *Sham,* so hieß der Hengst damals noch, gefiel dem Herrscher offenbar gar nicht und mußte die königlichen Stallungen verlassen. Man erzählt sich, er habe dann in den Straßen von Paris einen Wasserkarren gezogen – das allerdings scheint eine Legende zu sein. Jedenfalls wurde das Pferd 1729 von einem Engländer namens Edward Coke gekauft, nach dessen Tod 1733 dem Kaffeehausbesitzer Roger Williams hinterlassen, der ihn wiederum an Lord Godolphin verkaufte. Auf dem Gestüt des Lords soll er zuerst als Probierhengst eingesetzt worden sein. Eine Stute, die gedeckt werden soll, wird oft zu einem solchen Probierhengst geführt. Ihre Reaktionen zeigen an, ob sie zur Paarung bereit ist. Falls dies zutrifft, bringt man die Stute zum Decken zu dem eigentlichen Zuchthengst – dem Probierhengst bleibt das Nachsehen.

Zum Glück für *Godolphin Barb* und die Vollblutzucht weigerte sich eines Tages die Stute *Roxane* hartnäckig, sich mit dem Deckhengst des Gestüts einzulassen. Wohl oder übel ersetzte der Züchter diesen durch den Probierhengst. Die Frucht dieser Paarung war *Lath*, ein großartiges Klassepferd. Später deckte *Godolphin Barb* noch zahlreiche Stuten und zeugte einige ausgezeichnete Nachkommen, bis er mit 29 Jahren, genau am Weihnachtstag 1753, starb.

Das Englische Vollblut ist das beste Rennpferd auf mittellangen Strecken. Viele Vollblüter sind aber auch überragende Spring- und Military-Pferde. Besonders wichtig aber ist, daß der Vollblüter sehr viele andere Rassen veredelt und wesentlich verbessert hat. Ohne das Englische Vollblut wäre die ganze moderne Sportpferdezucht gar nicht denkbar.

Linke Seite: Ohne das Englische Vollblut wäre die moderne Sportpferdezucht undenkbar.
Oben: Unbestrittener König der Rennbahn – der Englische Vollblüter.

Haben Kaltblüter eine tiefere Körpertemperatur als Warmblüter?
Die große Vielzahl der Hauspferderassen kann man in vier Hauptgruppen aufteilen: Ponys, Kaltblut-, Warmblut- und Vollblutpferde. Als Ponys bezeichnet man in der Schau- und Sportszene im allgemeinen Pferde mit einem Stockmaß von weniger als 148 cm. Das hat durchaus seinen Sinn. Für den Zoologen allerdings sieht das anders aus. Für ihn sind Ponys eben jene kleinen Pferde, die von den nordischen Urwildponys abstammen und mindestens teilweise deren Merkmale tragen. Ein Araber ist also alles andere als ein Pony, obschon mancher unter 148 cm hoch ist und damit im Ponymaß steht. Anderseits ist etwa der Isländer ein Pony, wie es im Buche steht, von der Größe, vom Typ und von seinen Eigenschaften her. Die meisten Isländerfans bestehen allerdings ganz energisch darauf, daß man ihre Lieblinge «Islandpferde» nennt, als ob die Bezeichnung «Pony» etwas Abwertendes an sich hätte.

Schwere, starkknochige Urwildpferde des Nordens, sogenannte Tundrenpferde, bildeten die Zuchtgrundlage für die Kaltblutpferde, von denen wir hier einige vorstellen.
Oberes Bild: In der Perche in Frankreich ist der mächtige, meist schimmelfarbene, bis 1000 kg schwere Percheron entstanden.
Unteres Bild: Aus dem Gebiet des River Clyde in Schottland stammt der imposante Clydesdale.

Der Name «Kaltblutpferd» hat nichts mit der Körpertemperatur zu tun; die liegt bei allen gesunden, erwachsenen Pferden etwa gleich hoch, nämlich bei 38 °C. Sie bezieht sich wohl auf das gelassene, «kühle» Temperament dieser muskelbepackten Schwerarbeiter. Noch in der ersten Hälfte unseres Jahrhunderts spielten die Kaltblüter als Zugtiere bei uns eine äußerst wichtige Rolle, aber die Mechanisierung in Landwirtschaft, Gewerbe und Transportwesen machte sie in kurzer Zeit weitgehend überflüssig. Die Bestände schrumpften in manchen Ländern um über neunzig Prozent. Nur einige leichtere Rassen, die vielseitiger verwendbar waren, etwa Haflinger, Freiberger oder Fjordpferde, konnten sich durchsetzen und sogar vermehren. Aber einem mächtigen Belgier, Clydesdale oder Percheron zu begegnen, ist heute in den meisten europäischen Ländern schon ein Ereignis.

Weitaus die meisten heute gezüchteten Pferde sind Warmblüter. Sämtli-

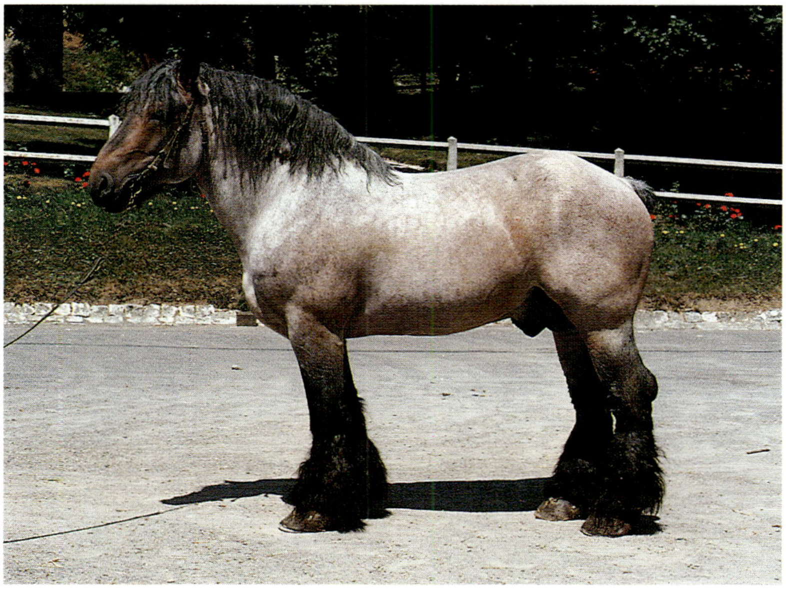

Oberes Bild: Der verhältnismäßig leichte, bewegliche Freiberger aus dem Schweizer Jura wird heute noch als Arbeits- und Freizeitpferd fleißig gezüchtet; er bewährt sich vor allem am Wagen.
Unteres Bild: Mit etwa 800 kg Lebendgewicht gehört der französische Ardenner zu den mittelschweren Kaltblütern. Seine Bestände sind, wie bei den meisten Kaltblütern, in den letzten Jahren sehr stark zurückgegangen.

BASHKIR CURLY

Um den Bashkir Curly ranken sich nicht nur die Locken, sondern auch Legenden. Das um 150 cm hohe, kräftige, aber leichte und bewegliche Pferd fällt durch sein ganz ungewöhnliches Haarkleid auf. Die langen Haare bilden am ganzen Körper enge Locken, ähnlich wie bei einem Pudel. Die Rasse wird nur von wenigen Liebhabern in den USA gezüchtet. Diese Leute behaupten, ihre Pferde stammten vom Baschkirenpony ab, das seit langem im südlichen Uralgebiet gezüchtet wird.
Das ist ja wohl möglich – nur weiß kein Mensch, wie diese Ponys nach Amerika gekommen sein könnten. Ein bemerkenswertes Pferd ist der Curly (Gelockte) allemal.

che Pferde außer den Ponys und Kaltblütern gehören dazu, auch die Vollblüter. Es gibt etwa dreihundert Rassen von Warmblutpferden, und früher zeigten sie sich in herrlicher Vielfalt. In den letzten Jahrzehnten hat man aber die meisten dieser Rassen auf ein bestimmtes Ziel hin «umgezüchtet». Gefragt sind in erster Linie Reitpferde, die sich für den Dressur- und Springsport eignen. Diese «Idealvorstellung» vom modernen Pferd hat dazu geführt, daß man heute ein Schwedisches Warmblut kaum noch von einem Anglo-Normannen oder einem italienischen Sportpferd unterscheiden kann. Eine bunte Palette von Rassen verwandelt sich so in ein europäisches Einheitspferd.

Oben: Das Schwedische Warmblut, ein edles, zu höchsten sportlichen Leistungen fähiges Reitpferd, wie es heute gefragt ist.
Rechte Seite oben: Der Andalusier aus Südspanien war einst wichtig in der Zucht barocker Paradepferde.
Rechte Seite unten: Beim Württembergischen Warmblut ist der Einfluß der edlen Trakehnerrasse nicht zu übersehen.

Ponys sind dank ihrer Genügsamkeit, Härte und Liebenswürdigkeit und ihrer oft erstaunlichen Leistungsfähigkeit seit Jahrzehnten groß im Aufwind. Hier ein paar der wichtigsten Rassen: Rechts Isländer, Mitte links Norwegisches Fjordpony, Mitte rechts Shetlandpony, unteres Bild Dartmoorpony im modernen Typ.

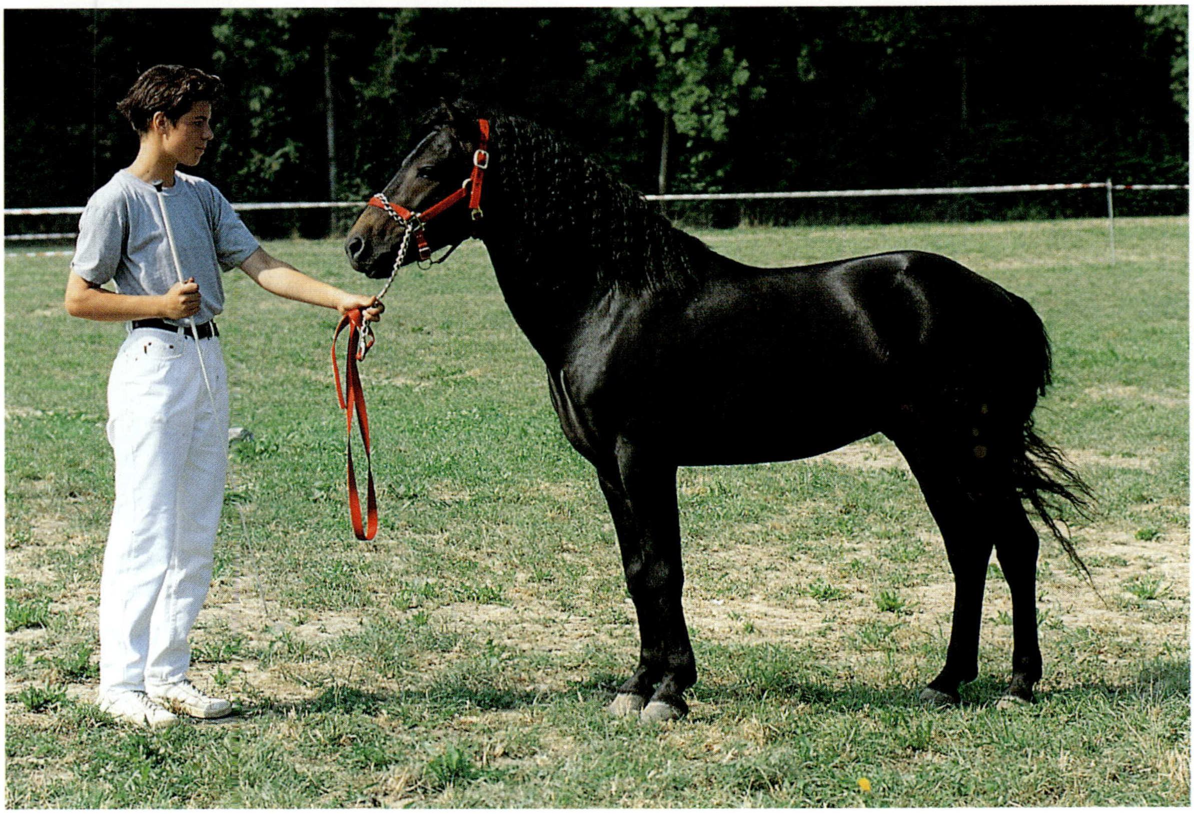

Oberes Bild: Das Mazedonische Gebirgspferd, ein zähes Warmblutpferd in Ponygröße, wird vor allem in der Schweiz fleißig nachgezüchtet und bewährt sich sehr gut als Freizeitpferd.
Unteres Bild: Die oft sehr edel wirkenden Welshponys, die in verschiedenen Größen und Typen gezüchtet werden, gehören zu den beliebtesten Ponys der Welt.

REKORD, REKORD!

Das ist **Nero**, ein belgisches Kaltblutpferd der Brauerei Hürlimann in Zürich, mit seinen gut 800 kg ein ganz schöner Brocken — aber noch lange kein Pferd für das Guinessbuch der Rekorde. Die Belgierstute **Wilma du Bos**, geboren am 15. Juli 1966, brachte mit neun Jahren 1088 kg auf die Waage.
Ein Hengst derselben Rasse namens **Brooklyn Supreme** übertraf die schwergewichtige **Wilma** allerdings bei weitem: Bevor er 1948 zwanzigjährig starb, wog er 1440 kg!
Zweifellos war das Tier maßlos verfettet.
Als größte Pferde der Welt gelten die englischen Shire Horses. Das Stockmaß solcher Hengste beträgt nicht selten an die 2 m. Den Rekord hält **Morocco**, ein Hengst dieser Rasse, mit 2,18 m.
Als stärkste Pferde der Welt werden zwei Shire-Wallache gefeiert, die an einem Wettbewerb zusammen 51 t zogen!
Die kleinsten Pferde sind die argentinischen Falabella-Ponys. Das allerkleinste dieser Art kam am 8. Februar 1978 in den Vereinigten Staaten zur Welt, erhielt den Namen **Tung Dynasty** und war am Widerrist 30,4 cm hoch. Das ist nur wenig mehr als dieses Buch, wenn du es auf die schmale Seite stellst.

WESTERN HORSES

Noch vor zwanzig Jahren waren die Western Horses bei uns seltene «Exoten»; inzwischen begegnet man ihnen immer häufiger. Immer mehr Leute fragen sich, ob der Springsport die richtige Betätigung für ein Pferd sei. Gibt es nicht sinnvollere, vor allem auch pferdegerechtere Sportarten? Eine zweifellos gute Alternative ist das Westernreiten – auf das wir dann im Kapitel «Satteln, Aufsitzen, Reiten» näher eingehen werden. Westernreiten kann man grundsätzlich mit jedem Pferd, aber besonders geeignet dafür sind die verschiedenen Typen der amerikanischen Western Horses.

Mustang

Die wilden Mustangs im amerikanischen Westen sind keine Wildpferde, sondern verwilderte Nachfahren spanischer Pferde, die zur Zeit der Eroberung und Besiedlung nach Amerika kamen. Sie vermehrten sich in den Prärien millionenfach und teilten die Weideplätze mit den großen Bisonherden. Wie die Indianerbüffel hat man sie später größtenteils abgeschlachtet. Tausende wurden aber auch eingefangen und zu Cowboy- und Kavalleriepferden abgerichtet. Viele Cowboypferde der Gegenwart sind direkte Nachfahren der Mustangs. Sie sind im Typ und in der Größe (130 bis 148 cm Stockmaß) ziemlich verschieden und zeichnen sich vor allem durch Zähigkeit, Genügsamkeit und Ausdauer aus.

Pinto

Pinto kommt vom spanischen *pintado* und bedeutet bemalt. Unter den spanischen Pferden gab es früher viele Schecken, wie später auch unter den Mustangs. Pintos sind also in der Regel Mustangs oder Abkömmlinge dieser verwilderten Pferde. Seit 1963 versucht man sie gezielt als Rasse zu züchten. Man wählt dafür möglichst korrekt gebaute und natürlich gescheckte Tiere aus. Nach ihren Zeichnungen unterscheidet man den überwiegend dunklen *Overo* und den mehrheitlich weiß gefärbten *Tobiano*. Pintos sind, wie die anderen Mustangnachfahren, im Durchschnitt weniger als 150 cm hoch, schnell, ausdauernd und überaus widerstandsfähig; sie eignen sich vorzüglich als Cowboy- und Familienpferde.

Appaloosa

Gefleckte Pferde waren bei den Indianern immer besonders beliebt, aber offenbar hat nur der Stamm der Nez Percé in Idaho systematisch Pferde gezüchtet und dabei auf Schnelligkeit, Härte und eine schöne Zeichnung Wert gelegt. 1877 wurden die Nez Percé nach einer monatelangen, erbarmungslosen Hetzjagd von der US-Kavallerie besiegt. Ihre Pferde wurden beschlagnahmt. Ein Teil davon wurde später zum Glück von Leuten, welche die Qualitäten dieser Tiere erkannten, mit großer Sorgfalt weitergezüchtet. Die Appaloosas mit ihren verschiedenartigen Fleckenzeichnungen und ihren ausgezeichneten Reiteigenschaften sind eine große Bereicherung der Warmblutpferdezucht. Daß sie immer mehr Liebhaber finden, beweist ihr Bestand von weit über 150 000 Tieren. Auch in Europa gibt es inzwischen eine Reihe ausgezeichneter Appaloosas.

Quarter Horse

Das Quarter Horse ist nicht etwa ein Viertelpferd, wie man den Namen übersetzen könnte. Es handelt sich zwar auch nicht um ein Vollblutpferd, wie

Western Horses in Europa.
Links: *Horse of Geronimo*, ein erstklassiger Appaloosa-Hengst in Deutschland.
Unten: Die hervorragende Quarter-Horse-Stute *Dales Altra* mit ihrem einwöchigen Sohn *Taco Domingo* in der Schweiz.

einige Leute behaupten, dennoch verdiente es einen Platz auf dem hohen Podest. Diese Pferde machten sich vor rund 350 Jahren in den amerikanischen Südstaaten einen Namen – also nicht etwa im Wilden Westen. Hier waren Pferderennen auf den Dorfstraßen ein beliebtes sonntägliches Vergnügen. Die Rennen führten gewöhnlich über die Distanz von einer Viertelmeile (rund 400 m), also über eine *quarter mile* – das ist der Ursprung der Bezeichung «Quarter Horse». Man kreuzte dazu Pferde verschiedener Rassen, viele Araber und Englische Vollblüter, aber auch türkische und andere Pferde. Entscheidend für die Zuchtauswahl war, daß die Tiere möglichst schnell von einem Ende des Dorfes zum anderen donnern konnten.

Erst im Jahre 1940 wurde die *American Quarter Horse Association* (AQHA) gegründet, der Zuchtverband, der sich zum Ziel setzte, eine Rasse nach genauen Vorstellungen herauszuzüchten. Angestrebt wurde ein kompaktes, muskelbepacktes, dabei edel wirkendes Pferd mit kurzem, breitem, ausdrucksvollem Kopf und sehnigen, sehr widerstandsfähigen Beinen, lernfähig, freundlich und leistungswillig, temperamentvoll, aber nicht nervös.

Für die Vielseitigkeit und Qualität des Quarter Horses spricht sein beispielloser Zuchterfolg. Im Gründungsjahr wurden 599 Pferde ins Zuchtbuch eingetragen. Heute sind in der amerikanischen Zentrale in Texas über 3 Mio Quarter Horses registriert! Diese Tiere leben in 64 verschiedenen Ländern.

Weitere «Pferderassen»

DAS KLEINSTE «PFERDCHEN» DER WELT . . .

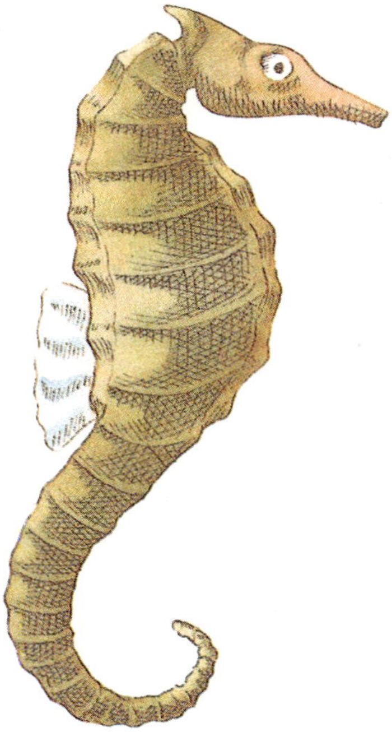

. . . kaum größer als 20 cm, ist ein Fisch! Zu Recht trägt das Seepferdchen den wissenschaftlichen Namen *Hippocampus*, denn seine aufrechte Haltung und der zum Körper abgebogene Kopf ähneln doch sehr stark einem richtigen Pferd. Wie es sich für einen Fisch gehört, besitzt dieses Meerestier keine Beine, aber es bewegt sich auch nicht wie die meisten Fische mit der Schwanzflosse vorwärts, sondern aufrecht und majestätisch mit der Rückenflosse. Sein Schwanz hat sich zu einem Greiforgan entwickelt, mit dem es sich an Pflanzen festklammern kann. Verschiedene Knochen sind in seiner Haut eingelagert und formen einen regelrechten Panzer. Seine Schnauze ist verlängert, und an ihrem Ende befindet sich eine kleine Mundspalte, die wie eine Pipette kleine Planktonkrebse oder Fischbrut ins Maul saugt.

Und das Seepferdchen kann – wie ein Chamäleon — seine beiden Augen unabhängig voneinander bewegen. In Haltung und Färbung hervorragend an ihre Umgebung angepaßt, sind sie nur schwer zu entdecken. Ebenso außergewöhnlich wie ihre Gestalt ist auch ihr Fortpflanzungsverhalten: Die weiblichen Seepferdchen — oder sollte man «Seestuten» sagen? — überlassen nämlich die gesamte Brutpflege den Männchen! Nach ausgedehnten Liebesspielen übergibt das Weibchen seine Eier dem Männchen, das eine spezielle Bruttasche am Bauch trägt. Dort werden die Embryonen mit Sauerstoff und Nährstoffen versorgt, bis sie nach vier bis fünf Wochen vollentwickelt, als junge Seepferdchen, durch kräftige Pumpbewegungen des Vaters «geboren» werden und ihr eigenes Leben beginnen.

Das Pferd lebt nicht vom Gras allein

Infolge globaler Klimaänderungen dehnten sich vor langer Zeit Gras- und Buschsteppen aus; die Regenwälder gingen zurück. Im Laufe seiner Entwicklung mußte sich auch der *Eohippus* an diese veränderten Umweltbedingungen anpassen. Die Umstellung von einem Laub- zu einem Grasfresser ist – zusammen mit der Ausformung zur Einhufigkeit – wahrscheinlich der wichtigste Schritt in der Evolution der Pferde. Gras ist aber wegen der darin eingelagerten verkieselten Fasern ein wesentlich härteres Futter als Blätter und Sprossen. Nur die allmähliche Verbreiterung der Backenzähne und die Einlagerung von hartem Zahnzement in die Hohlräume der Schmelzfalten konnten die Zähne vor zu großer Abnützung bei dieser Nahrung schützen, und erst die gleichzeitige Vergrößerung des Dickdarms ermöglichte das Verdauen großer Mengen an faserreichem Material.

Zu Beginn seiner Domestikation stand den ersten Hauspferden wie ihren wilden Vorfahren ein je nach Jahreszeit schwankendes Angebot an Futter zur Verfügung. Eine Gras- oder Laubtrocknung zur Überbrückung des Winters war noch nicht geläufig. Die Zucht und Haltung von vielen Pferden in Ställen – König Salomo von Israel soll schon 1000 Jahre vor unserer Zeitrechnung 12 000 Reit- und 4000 Wagenpferde gehalten haben – und die von ihnen verlangte schwere Arbeit verlangten nach einer Änderung der Futtermittel und der Fütterungstechnik. Allein durch Grasen konnte ein Pferd seinen gesteigerten Energiebedarf nicht mehr decken, auch die dazu notwendige Zeit hätte es nur noch begrenzt nutzbar gemacht. Mit dem Übergang vom Nomadentum zum Ackerbau im zweiten Jahrtausend vor Christus wurde dieses Problem gelöst, denn nun verfügte der Pferdehalter in Form von Getreidekörnern über ein energiereiches Futter, das die Tiere in kurzer Zeit fressen konnten. Neben Gerste, die hauptsächlich in Südeuropa verfüttert wurde, gab man den Pferden in unseren Breitengraden Hafer, Roggen, Weizen, Hirse, Dinkel und Erbsen; die Lieblingspferde des römischen Kaisers Caligula wurden sogar mit Rosinen, Mandeln und Honig verwöhnt! Ja, eines von ihnen wurde sogar zum Senator ernannt.

Seit der Domestikation haben sich die Futteransprüche des Pferdes nicht wesentlich verändert. Kleine Mahlzeiten von zwei bis vier Stunden Dauer, unterbrochen durch ein- bis zweistündige Ruhepausen, entsprechen dem natürlichen Rhythmus von freilebenden Pferden, die sich ihr Futter selbst suchen müssen. Je nach der Qualität des Futters sind Pferde 12 bis 16 Stunden lang mit Weiden beschäftigt, wobei sich Freß- und Ruhephasen gleichmäßig auf Tag- und Nachtzeiten verteilen. Nur wenn die Insekten sie tagsüber allzusehr plagen, fressen sie mehr in der Nacht. Unter solchen Bedingungen suchen sie einen windexponierten und vegetationslosen Platz auf, stehen dicht gedrängt zusammen, wälzen sich im Staub oder reiben sich aneinander und wedeln sich gegenseitig die Plagegeister vom Kopf. Neben Gras und Kräutern naschen freilebende Pferde auch gerne Blätter und Rinde von Weiden und Espen sowie Brombeeren. Schnee auf den Weiden scharren sie mit den Hufen weg; gefrorenes Gras scheint sie nicht zu stören. Auch vor Sümpfen scheuen sie sich nicht: Bis zum Bauch im Wasser stehend, fressen sie, zum Teil mit unter Wasser getauchten Nüstern, das schmackhafte Schilf.

Das Gras wird mit den außerordentlich beweglichen Lippen und der Zunge ins Maul genommen und mit den Vorderzähnen meist bis auf den

Linke Seite: Pferde knabbern sehr gern auch an Büschen und Bäumen herum.
Oben: Pferde brauchen Wasser, und zwar täglich rund 25 bis 30 Liter.
Nächste Doppelseite: Eine magere Wiese mit vielen Pflanzenarten ist die beste Pferdeweide.

Grund abgebissen. Härtere Stoffe, wie Rüben oder Äpfel, werden zuerst mit den Schneidezähnen verkleinert. Pferde fressen sehr wählerisch. Nicht Passendes oder ihnen Unbekanntes lassen sie liegen. Zwischen den Backenzähnen zermahlen sie das Futter. Beim Kauen wird das Futter stark zerkleinert und eingespeichelt, wodurch es eingeweicht wird und geschluckt werden kann.

Ein starker Muskel sitzt an der Mündung der Speiseröhre in den Magen, der sich automatisch bei starker Füllung des Magens zusammenzieht. Pferde, die sich überfressen haben, können deswegen nicht erbrechen. Der Magen ist relativ klein und sieht aus wie ein Bohne. Magensaft, der in den tieferen Schichten Pepsin und Salzsäure enthält, spaltet das Eiweiß im Futter und führt es dem Organismus zu. Der Magen ist bei Pferden ein besonders störanfälliges Organ. Sein Inhalt muß nämlich zur Verdauung mit genügend Magensaft durchtränkt sein. Starke Anstrengungen nach dem Fressen, zuviel Futter auf einmal oder zu schnelles Fressen verhindern das und können zu überhöhter Gasbildung oder Fehlgärungen führen.

Im anschließenden Dünndarm werden Zucker, Eiweiße, Stärke und Fette durch Enzyme der Bauchspeicheldrüse und durch die Schleimhaut des Dünndarms aufgeschlossen und durch die Darmwand aufgenommen. Zwei Drittel der aus dem Gras oder Getreide stammenden Proteine und rund ein Drittel der insgesamt verdaulichen Nahrung werden im Dünndarm verarbeitet. Alles, was im Dünndarm nicht verdaut wurde, wird im anschließenden Dickdarm dem Organismus zugeführt. Dieser Teil des Darms hat mehrere stark gekammerte Abschnitte. Im Blinddarm und im größten Teil des Grimmdarms

ACHTUNG GIFTPFLANZEN!

Diese Warnung ist zwar ernst zu nehmen, aber jeden Quadratmeter auf der Weide nach giftigen Pflänzchen abzusuchen und diese gar auszureißen, ist unnötig. Giftige Pflanzen sind wenig schmackhaft, und die meisten Pferde meiden sie instinktiv. Auf der Weide lassen sie solche Pflanzen, zu denen der **Hahnenfuß**, der **Sumpfschachtelhalm** und das **Johanniskraut** gehören, einfach links liegen. Gefährlicher sind allerdings abgeweidete Wiesen, die außer solchen Gewächsen nichts anderes an Freßbarem mehr enthalten.

Auch knapp in Futter gehaltene oder im Freien angebundene Pferde, die sich langweilen, können Giftpflanzen aufnehmen. Eher noch harmlos für sie ist das Fressen von Johanniskraut: Pferde bekommen davon einen Sonnenbrand an den nichtpigmentierten Hautstellen (Pigmente sind in den Zellen eingelagerte Farbstoffe). Nach dem Genuß von Hahnenfuß hingegen entzündet sich die Maulschleimhaut; es treten Koliken (krampfartig auftretende Schmerzen), später Durchfall und allgemeine Schwächezustände auf. Im getrockneten Zustand, also im Heu oder Stroh, verliert der Hahnenfuß allerdings seine Giftigkeit.

Aber aufgepaßt auf Pflanzen, die auch im Heu noch giftig sind! Dazu gehören der **Schachtelhalm**, der **Adlerfarn**, das **Adonisröschen** und die **Herbstzeitlose** (6). Wenn über Monate hinweg zum Beispiel Heu mit Schachtelhalm vermischt an Pferde verfüttert wird, löst dies bei ihnen Überempfindlichkeit, Muskelzuckungen und Bewegungsstörungen aus. Diese Pflanze heißt auf englisch übrigens «**horse-tail**», also «Pferdeschwanz».

Auch auf Ausritten in Wäldern und Parks begegnen wir Giftpflanzen. Die ge-

1

2

3

4

5

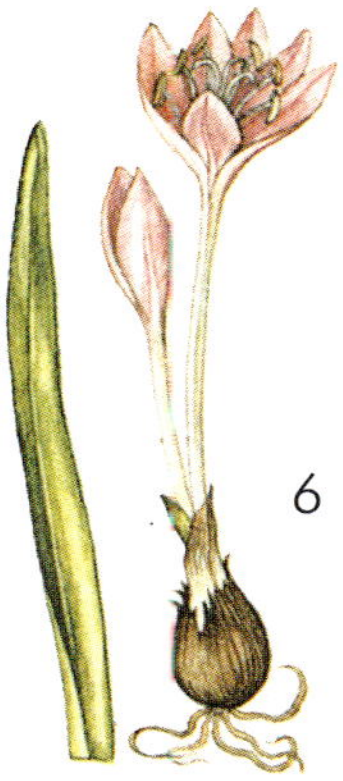

6

7

8

fürchtetste unter ihnen ist die **Eibe** (7); sie ist in unseren Breiten weit verbreitet und wirkt sofort: Die Aufnahme von nur 100 g Eibennadeln kann bereits tödliche Folgen für das Pferd haben. Auch vor der **Robinie** (5), besonders vor deren Rinde, solltest du dich zum Wohle deines Reittieres in acht nehmen. Nach der Einnahme beginnen Pferde zu schwitzen, kriegen Atemkrämpfe und können innerhalb eines Tages sterben. Das gleiche Schicksal erwartet jene Tiere, die von den Blüten und Samen des **Goldregens** (1) oder von den Blättern des **Buchsbaumes** (3) gefressen haben.

Vorsicht auch beim **Wasserschierling** (8), der im sumpfigen Gelände wächst. Ein nur walnußgroßes Wurzelstück reicht, um ein Pferd umzubringen! Weitere giftige Pflanzen für Pferde sind die **Eiche** (2), die **Herbstzeitlose**, die **Lupinie**, die **Rotbuche** (4) und die **Wasserrebendolde** (oder **Wasser-Pferdesaat**).

Natürlich hängt es wesentlich vom eingenommenen Pflanzenteil (Rinde, Blätter, Blüten, Früchte) und von der Menge ab, wie sich eine Vergiftung auswirkt. Auf den Abbildungen zeigen wir dir besonders gefährliche Pflanzenarten. Erkennst du sie in der freien Natur wieder?

Hast du bei einem Pferd den Verdacht auf eine solche Pflanzenvergiftung, so rufe schnell einen Tierarzt herbei. Manchmal kann er das Unglück noch abwenden.

Als vorbeugende Maßnahme empfiehlt es sich, Pferde nie bei Hecken aus Eiben oder bei anderen gefährlichen Sträuchern stehenzulassen und solche Pflanzen dort ganz zu entfernen, wo Pferde regelmäßig angebunden oder trainiert werden. Doch wie gesagt — wer seinem Pferd jedesmal angstvoll ins Maul schaut, wenn es auf einem Ausritt etwas Grünes genascht hat, hält es für dumm. Gut gefütterte Pferde, die auch regelmäßig auf die Weide kommen, sind bestimmt die besseren «Botaniker» als die meisten von uns.

werden Kohlenhydrate, wie die Zellulose im Stroh und Heu, durch Bakterien und einzellige Kleinlebewesen, die Protozoen, abgebaut. Das braucht Zeit. Von der gesamten Verdauungszeit entfallen rund 85 Prozent auf diesen Abschnitt.

Im letzten Teil des Verdauungstraktes, im Grimm- und Mastdarm, werden die unverdaulichen Reste durch Wasserentzug eingedickt. Im Colon, der kleine Ausbuchtungen hat, erhält der Kot dann seine charakteristische Apfelform. Im Durchschnitt alle dreißig bis neunzig Minuten setzt ein Pferd Kot ab. Die Häufigkeit und die Menge variieren je nach Futterart, dessen Wassergehalt, der Arbeitsleistung usw. Daß junge Fohlen vom Kot ihrer Mutter fressen, ist übrigens etwas sehr Sinnvolles: Die Jungen nehmen dadurch lebenswichtige B-Vitamine zu sich und helfen ihrem Darm bei der Besiedlung mit Protozoen.

Je mehr Nahrungsbestandteile vor dem Dickdarm absorbiert werden, desto besser ist die Ausnützung der im Futter vorhandenen Energie. Wieviel von seinem Futter kann nun ein Pferd überhaupt verwerten? Am meisten profitiert es von Rüben und Getreide: Bis zu 85 Prozent der gefressenen Menge wird verdaut und steht dem Körper als Energie zur Verfügung. Am wenigsten gewinnt es aus Stroh, das nur zu 35 Prozent aufgeschlossen werden kann. Generell gilt: Je mehr Rohfasergehalt im Futter, desto geringer seine Verdaulichkeit. Hafer, Gerste und Mais sind energiereiche Stoffe und die gebräuchlichsten Getreidearten für das Pferd. Schon beim Kauen werden die wertvollen Inhaltsstoffe der Körner ausgequetscht und im Magen und im Dünndarm verdaut. Hafer hat einen hohen Anteil an Spelzen und muß deswegen, auch wegen seiner Größe, gut gekaut

werden. Die häufige Quetschung macht ihn besser verdaulich. Die Ausnützung erhöht sich jedoch lediglich um drei Prozent gegenüber ungeschroteten Körnern; außerdem neigt solches Futter zu vermehrter Staubbildung und ist schlechter haltbar. Gerstenkörner sollten allerdings besser geschrotet oder gequetscht werden. Sie sind nämlich sehr hart und werden von den Pferden wegen ihrer Kleinheit auch häufig unzerkaut geschluckt. Mais ist besser verdaulich als Hafer und daher energiereicher; er wird hauptsächlich Hochleistungspferden verabreicht. Weizen und Roggen eignen sich weniger, weil sie im Magen verkleistern und deshalb schwere Gesundheitsstörungen verursachen können.

Konzentrierte Futtermittel sollten in kleinen Mengen verfüttert werden. Ihrem natürlichen Rhythmus entsprechend brauchen Pferde generell oft und nur kleine Futtermengen. Früher bekamen die Arbeitspferde ihr erstes Futter schon um fünf Uhr in der Frühe, ihre vierte Mahlzeit dann noch spät abends. Wenn auch heute vielerorts eine solche Fütterungshäufigkeit nicht machbar ist, sollte man wissen, daß lange Futterpausen sich auf die Gesundheit und Leistungsfähigkeit der Pferde ungünstig auswirken. Wenn mit einem Mal sehr viel Futter zur Verfügung steht, wird der Magen-Darm-Kanal überlastet, und den abbauenden Mikroorganismen fehlt in der Zwischenzeit eine kontinuierliche Nährstoffzufuhr, wodurch ihre Zahl und ihre Aktivität sehr schnell, schon nach zwölf Stunden, abnimmt! Werden die Pferde nur zwei- oder dreimal am Tag gefüttert, sollte man die Tiere wenigstens nach dem Füttern eine halbe bis eine ganze Stunde nicht arbeiten lassen. Ihre Leistungsfähigkeit ist durch den gefüllten Magen und die dadurch beengte Atmung beeinträchtigt.

Das Pferd ist neben Nährstoffen auch auf Ballast- und Strukturstoffe angewiesen. Das sogenannte «Rauhfutter» – Stroh oder Heu – ist ein rohfaserreiches, pflanzliches Material. Es reguliert die Menge und die Geschwindigkeit der

Linke Seite: Hohes, langgewachsenes Gras (und Heu) ist für Pferde viel bekömmlicher als junges, eiweißreiches Frühlingsgras.
Rechts: Für jedes Pferd eine willkommene Abwechslung im Winter – Gras unter dem Schnee hervorscharren.

Roggen, Winterweizen, Sommerweizen, Gerste

Nahrungsaufnahme, zwingt das Pferd zum Kauen und zur Speicheltätigkeit, regt die Darmmotorik an und ist unentbehrlich für die Tätigkeit der Darmflora. Bei jeder Fütterung gibt man mit Vorteil immer zuerst das Rauhfutter und erst nach etwa 15 Minuten das Kraftfutter hinzu. Letzteres wird dann besser eingespeichelt und durchläuft den Magen langsamer. Bei zuwenig Rauhfutter werden die Backenzähne nicht gleichmäßig abgeschliffen, und es kommt zu Fehlgärungen bei zuwenig Speichelproduktion, zu Untugenden wegen ungenügender Beschäftigung, zu einem allgemeinen Nährstoffmangel wegen ungenügender Syntheseleistung der Darmbakterien und zu Verstopfungen, weil der Darm zuwenig arbeitet. Der Rohfasergehalt im Futter sollte deshalb nicht unter 16 bis 18 Prozent der Gesamtration liegen. Umgerechnet sollte jedes Pferd mindestens 1/2 kg Heu oder Stroh pro 100 kg Lebendgewicht und Tag zur Verfügung haben. Stroh hat wenig Eiweiß, aber einen hohen Gehalt an Rohfasern. Am nährstoffreichsten sind blattreiche Stroharten wie Haferstroh. Am meisten verwendet und gut gefressen wird das stengelreiche Weizen- und Gerstenstroh. Bezüglich Lagerung und Qualität stellt Stroh die gleichen Anforderungen wie das Heu.

Heu zählt bis heute zu den wichtigsten Futtermitteln für Pferde, weil es nicht nur alle Qualitäten eines guten Rauhfutters hat, sondern die Hälfte davon auch verdaut wird. Es sollte von guter Qualität sein, also frisch und grün aussehen. Bleiches Heu wurde zu spät geerntet, verregnet oder zu lange gelagert. Bräunliches Heu überhitzte sich während der Lagerung, und solches, das sich klamm anfühlt, ist noch zu feucht. Während der ersten Wochen der Lagerung «schwitzt» das Heu nämlich. Kurz nach der Ernte kommt es zur Keimvermehrung im Innern des Heustapels. Das dabei gebildete Wasser dringt mit warmer Luft im Ballen nach außen und kondensiert an den äußeren Randschichten. Erst bei rund 15 Prozent Wassergehalt kommt es zur Keimruhe, also zum Stillstand dieses Prozesses.

Mais

Hafer

Vorher darf Heu nicht verfüttert werden. Es sollte auch nicht muffig und faul riechen – dies könnte auf gefährliche Schimmelpilze zurückzuführen sein.

Ponys und Kleinpferde unterscheiden sich in bezug auf die Art ihrer Fütterung nicht von Großpferden. Allerdings brauchen kleinere Pferde für ihren Stoffwechsel verhältnismäßig mehr Energie als größere. Wegen ihrer im Verhältnis zur Lebendmasse größeren Oberfläche geben sie nämlich mehr Wärme an die Umgebung ab. Dies gilt für Ponys aus wärmeren Zonen mit Vollblut- oder Araberblutanteilen, wie das New-Forest-Pony, das Welshpony oder den Haflinger. Ponys, wie den Shetländern, Isländern oder Fjordponys hingegen, die über Jahrhunderte auf mageren Böden gezüchtet wurden und sich an eine extensive Haltung angepaßt haben, sollte man im Vergleich zu ihrem Gewicht bis zu zehn Prozent weniger Futter verabreichen. Sie geben wegen ihrem dichten Fellkleid und ihrem dicken Unterhautfettgewebe weniger Wärme an die Umgebung ab und haben ein ruhiges Temperament.

Wußtest du, daß Kleinpferde wesentlich langsamer fressen als Großpferde? Sie haben schmalere Kauflächen und damit weniger Platz, um größere Partikel dazwischenzuschieben. Um ein Kilo Heu zu kauen und zu schlucken, benötigen Großpferde etwa vierzig Minuten, Kleinpferde hingegen das Doppelte; für Haferkörner oder Mischfutter in würfelförmigen Stücken brauchen sie gar das Vierfache an Zeit. Ob Groß- oder Kleinpferd, während des Winters im Offenstall benötigen beide ab Temperaturen von –10 °C zusätzliches Futter, um die Wärmeverluste auszugleichen. Am besten gibt man Heu, weil die im Dickdarm entstehende Wärme vom Tier genutzt werden kann.

Wenn nur Heu und Hafer gefüttert werden oder das Pferd sich auf der Weide ernährt, kann es sich häufig nicht genügend mit dem Mineralstoff Natrium eindecken. Salzlecksteine füllen dieses Defizit wieder auf. Immer häufiger wird industriell hergestelltes Mischfutter verabreicht. Dies hat den Vorteil einer ausgeglichenen Zusammensetzung, ist leicht zu handhaben und hat meist Vitamin- und Mineralstoffe in geeigneter Zusammensetzung als Zusatz.

Je unverdaulicher das Futter ist, desto mehr Kot scheiden Pferde aus und desto mehr Wasser brauchen sie. Bei einer Kotmenge von 10 bis 20 kg pro Tag werden zwischen 7,5 und 15 l Wasser ausgeschieden. Auch bei der Regulierung des Wärmehaushaltes spielt Wasser eine wichtige Rolle. Pferde verlieren bei starker Anstrengung und hohen Außentemperaturen bis zu 7 kg Schweiß pro 100 kg Gewicht. Um diesen Flüssigkeitsverlust auszugleichen, müssen Pferde mehr trinken. Sie bevorzugen klares, frisches Wasser, müssen aber im Freiland oft mit brackigem, verunreinigtem oder sogar salzhaltigem Wasser vorliebnehmen.

Wie Pferde wohnen sollten

«Pferdegerechte» Stallungen

Pferdehaltung bedeutet immer eine Einengung für das Tier. Wir müssen uns vor Augen halten, daß Pferde von Natur aus Bewohner weiter, offener Landschaften sind, in Gruppen lebende Wesen, für die der Kontakt mit den Artgenossen lebenswichtig ist. Sie bewegen sich, sind fast dauernd unterwegs, um Nahrung und Wasser zu finden, und jederzeit bereit zu rasender Flucht.

All diese Bedürfnisse werden in der traditionellen Stallhaltung völlig mißachtet. Spätestens seit dem Mittelalter und bis vor wenigen Jahrzehnten war es allgemein üblich, Pferde in Ständen anzubinden. Fast durchweg handelte es sich um Arbeits- oder Militärpferde, die praktisch täglich und oft von früh bis spät im Einsatz waren. Das war oft ein hartes Los, aber zumindest kannten diese Pferde keine Langeweile. Ihr natürlicher Bewegungsdrang wurde befriedigt, und mit den Nachbarpferden war – wenn auch beschränkt – Körperkontakt möglich. Bei so gehaltenen Tieren traten denn auch verhältnismäßig selten sogenannte «Stalluntugenden» auf. Diese ursprüngliche Haltungsform findet man heute noch gelegentlich, zum Beispiel in Reitställen. Meistens denkt sich kein Mensch etwas dabei – aber mit artgerechter Haltung hat das gar nichts zu tun.

Oben: In der Natur neigen Pferde Hals und Kopf beim Fressen. Futterkrippen sollen daher tief angebracht sein.
Rechte Seite: Auch für Araber ist jahraus, jahrein frische Luft das Beste.

Aber glaube nun ja nicht, daß die heute übliche Boxenhaltung viel besser ist. Gemeint sind insbesondere die bis an die Decke vergitterten Käfige, in denen heute die meisten Pferde eingesperrt werden und bei denen der Körperkontakt mit Nachbarpferden völlig unterbunden wird. Sehr oft gelangen solche Pferde kaum eine Stunde am Tag ins Freie, um bewegt zu werden, oder man «braucht» sie sogar nur am Wochenende – sofern das Wetter schön ist. Meistens glauben die Besitzer dann auch noch, ihre Pferde hätten es besonders gut; sie haben sich nie die Mühe genommen, sich mit dem Wesen dieser Tiere auseinanderzusetzen. Sie wundern sich dann, daß ihr «Liebling» plötzlich Marotten hat, «Untugenden» annimmt, immer weniger umgänglich wird und schließlich vielleicht noch zu beißen und zu schlagen anfängt. Solche

2 1

SO SIEHT UNSER STALL AUS

Wir wollen nicht behaupten, daß der nachfolgend beschriebene Stall der einzig richtige sei, aber jedenfalls bewährt er sich.

Der eigentliche Unterstand ist gegen Süden offen (gegen Osten wäre auch eine Möglichkeit, Nord- oder Westrichtung dagegen sind schlecht). Er ist 3,5 m breit und 14 m lang — das ergibt für jedes Pferd oder Pony durchschnittlich eine Fläche von 3,5 × 3,5 m. Das Stalldach springt 1 m vor und schützt die Einstreu vor Regen. Mit waagrechten Rundhölzern haben wir den Unterstand in vier Abteilungen getrennt; der Grund dafür ist der Futterneid. Oft können mehrere Pferde ganz friedlich von einem Heuhaufen fressen, aber wenn so leckere Dinge wie Getreidefutter, trockenes Brot, Äpfel oder Karotten angeboten werden, fliegen die Fetzen! Der Ranghöchste kriegt den Löwenanteil (und wird immer fetter), der Rangniedrigste dagegen muß froh sein, wenn er überhaupt einen Bissen abkriegt. Die Abteile machen es möglich, jedes Tier einzeln zu füttern. Manche Pferde bindet man zum Füttern besser an.

Der hintere Teil des Stalles ist gleich groß wie der Unterstand. Hier befinden sich die Sattelkammer und der Schuppen für Heu, Stroh, Geräte usw.

Der Auslauf ist 22 m lang und 5 m breit, die Tiere können sich also jederzeit begrenzt bewegen. Deshalb reagieren selbst unsere Araber auch dann nicht «überdreht», wenn wir einmal einige Tage nicht zum Reiten kommen.

Das Teuerste an der ganzen Anlage war der Boden. Die ganze Fläche — auch der Auslauf — wurde zuerst 50 cm tief ausgehoben. Dann kam eine 30 cm dicke Schotterschicht in die Grube, darauf 10 cm Wandkies. Die Auslauffläche wurde anschließend mit gemahlenem Kalk aufgefüllt und gewalzt. Dieser Belag verfestigt sich erst nach einigen Monaten, ist dann aber recht pflegeleicht und wird nie matschig.

Im Unterstand liegt auf dem Schotter und Wandkies eine Schicht Holzschnitzel, die wir alle paar Monate frisch auffüllen; darüber befindet sich eine normale Stroheinstreu.

Natürlich gibt es auch noch andere Möglichkeiten, einen Offenstall zu gestalten. Anstelle eines großen Abteils für jedes Pferd kann man für jeden Stallbewohner einen schmalen Freßstand bauen. Der ganze Rest des Stalles ist dann ein großer Raum ohne Abschrankungen.

unangenehme oder auch lebensgefährliche Eigenschaften sind in den seltensten Fällen angeborene Charaktermerkmale; sie entstehen fast immer durch nicht fachgerechte Haltung und falschen Umgang. Natürlich gibt es grundsätzlich schwierigere und einfachere Pferde, aber wohl nie von Natur aus bösartige.

Doch zurück zum Stall: Boxen sind dann akzeptabel, wenn sie geräumig genug (mindestens 3,5 × 3,5 m) und oben offen sind, so daß die Pferde einander gegenseitig über die Boxenwand hinweg beschnuppern und beknabbern können. Aber auch bei dieser Haltungsform brauchen die Tiere täglich mindestens einige Stunden Abwechslung: Weidegang, Arbeit, Auslauf in einem Paddock, also in einem umzäunten Laufgang – am besten von allem etwas. Noch besser ist ein Gruppenlaufstall, also ein großer Stall, in welchem sich mindestens zwei Pferde frei bewegen können.

Die beste Art, Pferde zu halten, ist sicher der Offenstall mit möglichst großem Auslauf. Ganz allgemein herrscht noch immer die Ansicht, daß sich nur die sogenannten «Robustrassen» dafür eignen. Das ist falsch. Wir haben in vielen Ländern Pferde und Ponys vieler verschiedener Rassen gesehen, die jahraus, jahrein im Freien leben. Auch unsere Vollblutaraber leben das ganze Jahr hindurch im Offenstall, sind dabei kerngesund und fühlen sich sichtlich wohl. Jedes Pferd läßt sich an die sogenannte «Robusthaltung» gewöhnen. Natürlich kann man nicht ein Pferd aus einem warmen Stall mitten im Winter in einen Offenstall stellen. Auch wenn gesunde Pferde bei einem Temperatursturz in erstaunlich kurzer Zeit einen dichten Pelz entwickeln können, muß man ihnen Gelegenheit geben, sich spätestens im Frühherbst auf das Leben im Freien umzustellen.

Oberes Bild: Wenn schon statt des Offenstalls eine Außenboxe, dann soll das Pferd das ganze Jahr herausschauen können – selbst wenn es sich nur um einen kleinen Shetty handelt.
Unteres Bild: Traurig genug, wenn man Pferde an eine Bewegungsmaschine binden muß, weil sie den Rest des Tages in einem engen Stall stehen.

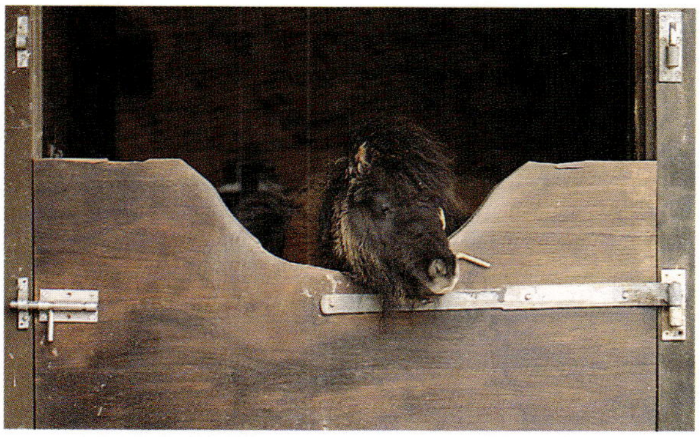

Pferde entwickeln im Herbst einen mehr oder weniger dicken Winterpelz. Manche Ponys sehen dann fast aus wie mit einem Bärenfell bekleidet. Für viele Leute ist das der entscheidende Grund, die Pferde in einen geschlossenen Stall zu sperren und womöglich auch noch zuzudecken. Natürlich geraten Pferde mit einem dicken Pelz bald einmal ins Schwitzen, wenn sie arbeiten müssen. Aber in den meisten Fällen wäre es durchaus möglich, die Tiere im Winter schonender zu reiten und die letzte halbe Stunde des Ausrittes im Schritt zu gehen – was man sowieso immer tun sollte. Ein Pferd darf nie einfach schwitzend stehengelassen werden, weder im Stall noch im Freien.

Wer keine Möglichkeit für einen Offenstall hat, tut gut daran, Fenster und/oder Türen so offenzuhalten, daß kein Durchzug entsteht, Tag und Nacht, Sommer und Winter. Auf diese Weise gehaltene Pferde sind viel widerstandsfähiger, vor allem gegen die gefürchteten Erkältungskrankheiten. Die Kälte schadet keinem Pferd, das daran gewöhnt ist. Hingegen können die Ammoniakdünste, die sich in einem geschlossenen Stall ansammeln, zu gefährlichen, chronischen Erkrankungen der Atemorgane führen.

Stallmief kann zu schweren Krankheiten der Atemorgane führen. Pferde sollten Sommer und Winter viel frische Luft haben – Kälte schadet keinem offenstallgewöhnten Pferd.

STALLUNTUGENDEN — WOHER KOMMEN SIE?

Den noch immer allgemein gebräuchlichen Begriff **Stalluntugenden** müßte man aus dem Pferdewörterbuch streichen, weil er falsch ist. Treffend hingegen wäre der Ausdruck Verhaltensstörung. Gemeint sind damit bestimmte Angewohnheiten, die fast immer aus Langeweile entstehen. Schuld daran sind nie die Pferde selbst, sondern ist stets die falsche Haltung durch uns Menschen. Bei Pferden in Gruppenhaltung sind solche Störungen nahezu unbekannt, bei Einzelhaltung in Boxen jedoch häufig und oft kaum wieder wegzubringen, selbst wenn man solche Tiere aus der Boxe befreit und in einen Offenstall stellt.

Hier ein paar Müsterchen: Beim **Weben** steht das Pferd mit leicht gespreizten Vorderbeinen und pendelt mit Kopf und Hals hin und her — manchmal stundenlang.

Beim **Koppen** schluckt das Pferd Luft, indem es durch Anspannen der Halsmuskeln den Kehlkopf zurückzieht. Durch die übermäßige Gasbildung im Magen können Verdauungsstörungen und Koliken entstehen. Scharren und **Wandschlagen** können zu Beinschäden führen. **Beim Gitterbeißen** bearbeitet das Pferd vor allem vor der Fütterung Gegenstände in der Box mit den Zähnen. Die Folge davon sind Zahnschäden. Weitere Störungen aufgrund von falscher Stallhaltung sind **Zungenstrecken, Sich-nicht-Legen, Scheuen, bösartige Reaktionen** usw.

In gewissen «Fachbüchern» gibt es Rezepte gegen diese «Untugenden». Da liest man von Koppriemen, von elektrischen Abgrenzungen in der Box, von Maulkörben, ja sogar von Operationen, bei denen die Muskelpartie am Hals durchschnitten wird, so daß das Luftschlucken verunmöglicht wird. Das ist natürlich haarsträubender Unsinn! Stell dir vor, man würde einem Dieb die Hände abhacken, statt nach der Ursache eines Diebstahls zu suchen, wie das in einigen arabischen Staaten geschieht. Das einzig Richtige bei Stalluntugenden ist, deren Ursache zu beseitigen, also das Pferd artgerecht zu halten.

Was ist ein Gestüt?

Das weiß ja jedes Kind, wirst du jetzt denken: ein Betrieb, in welchem Pferde gezüchtet werden. Das ist richtig.

Gestüte gibt es allerdings in ganz verschiedenen Formen. Die wohl älteste Form ist das *Wildgestüt*. Hier wird eine Stutenherde während des ganzen Jahres oder während der Deckzeit mit einem ausgewählten Hengst frei in einem großen Naturgehege gehalten. Die Dülmener Wildpferde in Nordrhein-Westfalen beispielsweise leben auf einem solchen Gestüt. Vor allem in England und Irland werden heute noch viele Ponys auf Wildgestüten gezüchtet. Die Tiere sind dabei weitgehend sich selbst überlassen. Manchmal wird nur in strengen Wintern Heu zugefüttert. Einmal im Jahr werden die Jungtiere herausgefangen, gewöhnlich im Alter von sechs bis zwölf Monaten. Die überschüssigen Hengstfohlen und die zur Zucht ungeeigneten Stutfohlen verkauft man in der Regel während einer Versteigerung. Bei dieser Haltungsform ist die Befruchtungsrate sehr hoch: In der Regel werden über neunzig Prozent der

Oben: Le Pin, französisches Staatsgestüt.
Mitte: Deutsches Hauptgestüt Marbach.
Unten: Spanisches Privatgestüt Cortijo de Quarto.
Rechte Seite oben: Trabergestüt Hanover Shoe Farms, USA.
Rechte Seite unten: Childwick Bury, Vollblutgestüt in England.

Stuten trächtig. Bei anderen Haltungsweisen liegt die Befruchtungsrate oft nur bei etwa sechzig Prozent.

Eine staatliche Institution ist das *Landgestüt*. Von hier aus wird die Pferdezucht eines Landes oder Gebietes kontrolliert. Im engeren Sinne handelt es sich um ein Hengstdepot, in welchem die «Landbeschäler» (so nennt man nun einmal die Deckhengste auf einem Landgestüt) untergebracht sind. Während der Deckzeit werden diese Hengste teilweise auf verschiedene Deckstationen (man sagt ihnen auch «Beschälplatten») verteilt und den privaten Züchtern zur Verfügung gestellt. Hier können die Züchter ihre Stuten gegen eine verhältnismäßig geringe Deckgebühr von guten Hengsten decken lassen. Auf diese Weise fördert der Staat die einheimische Pferdezucht.

Hauptgestüte sind ebenfalls meist staatlich geführt; hier stehen erstklassige Zuchtpferde, sogenannte «Stammstuten» und «Hauptbeschäler». Mit diesen Tieren züchtet man unter anderem die Hengste für die Landgestüte.

Und schließlich gibt es die *Privatgestüte*, auf denen Stuten (aber nicht unbedingt auch Hengste) gehalten werden.

Geputzt und gestriegelt

Was du zur Pflege brauchst
Wer reitet nicht gern auf einem schönen, sauber gestriegelten Pferd oder Pony? Selbstverständlich putzt man sein Reittier vor jedem Ausritt oder, wenn man aus irgendwelchen Gründen daran gehindert ist, wenigstens alle zwei Tage. Es wäre aber falsch, ein Pferd, das im Offenstall lebt oder sonst viel im Freien ist, täglich auf Hochglanz zu polieren. Damit entfernst du zuviel Fett aus dem Haar, das Fell ist nicht mehr wasserdicht, der Regen dringt bis auf die Haut durch, und das bedeutet: Erkältungsgefahr. Also maßvoll saubermachen. Was heißt das konkret?

Mit einer *groben Bürste* oder dem *Gummistriegel* entfernst du starken Schmutz und verkrusteten Schweiß aus dem Fell. Beim *Fellwechsel* im Frühling bürstest du damit auch *täglich* die losen Winterhaare aus dem Fell. Damit hilfst du dem Tier ganz wesentlich, mit diesem kräfteraubenden Vorgang fertig zu werden.

Mit der *weicheren Haarbürste* oder *Kardätsche* bürstest du den Staub und die Schuppen aus Fell, Mähne und Schweif.

Wenn die Beine beschmutzt sind, reinigst du sie mit einer nassen *Waschbürste* oder – noch einfacher – spritzt du sie mit einem Schlauch ab. Übrigens solltest du auch nach dem Reiten, besonders nach einem anstrengenden Ritt, dem Pferd die Beine vor allem im Bereich der Fesseln mit dem Strahl aus einem Wasserschlauch abkühlen. Bei sommerlichen Temperaturen spritzen wir nach dem Reiten das ganze Pferd ab; auch wenn wir nicht zum Reiten kommen, duschen wir es täglich ab – selbstverständlich ohne Shampoo, denn damit würde das wasserabstoßende Fett gründlich aus dem Fell gewaschen.

Mit dem *Frottiertuch* kannst du dem Fell noch etwas Glanz geben.

Viel wichtiger aber ist der *Hufräumer*, mit dem du die Hufe vor dem Ritt sauber auskratzt. Nach dem Reiten und

Links: Die Putzkiste mit der Waschbürste für die Hufe und dem Hufräumer (oben), dem Gummistriegel, dem Metallstriegel, der Haarbürste und der groben Bürste (unten von links nach rechts). Rechte Seite: Mit dem Gummistriegel entfernst du verkrusteten Schmutz (oben), mit der weichen Haarbürste Staub und Schuppen aus dem Fell.

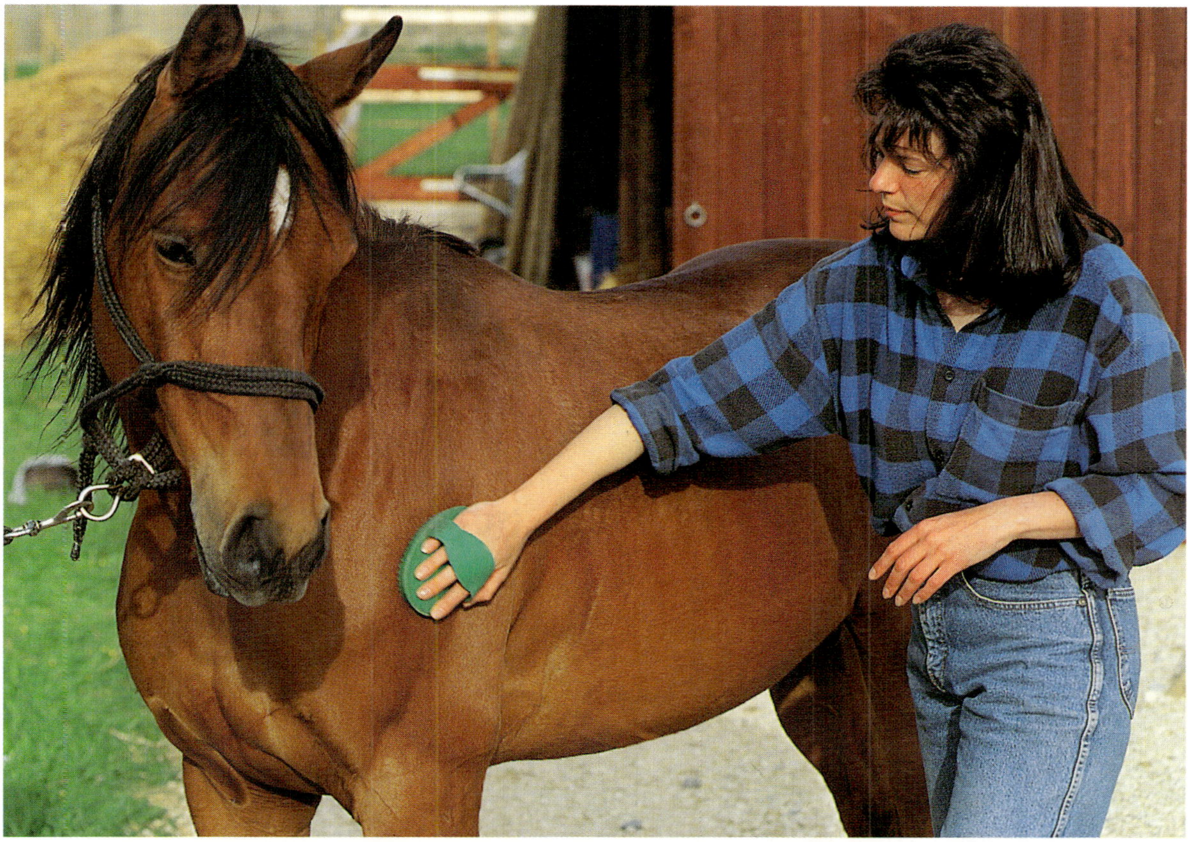

mindestens einmal täglich solltest du diese nach eingetretenen Steinen oder andern Gegenständen untersuchen. Besonders in Verbindung mit Hufeisen können sich in den Hufen Dinge festklemmen, die Schmerzen verursachen.

Die Hufe fettest du, wenn du willst, vor einer Veranstaltung ein, damit sie schön glänzen. Noch besser läßt du das bleiben. Die Hufe müssen nämlich Feuchtigkeit aufnehmen können, damit sie gesund bleiben. Auch brüchige oder rissige Hufe fettet man nicht ein, sondern versucht sie möglichst feucht zu halten. Und man pflegt sie am besten, indem man den *Hufkronenrand* täglich mit Lorbeeröl oder einer Lorbeeröl-Hufsalbe massiert.

Oben: Duschen ist im Sommer eine tägliche Wohltat – für Pferd und Reiter.
Rechts: Vor und nach dem Reiten räumen wir die Hufe aus.

Wenn du für eine Veranstaltung ein besonders schmuckes Pferd vorführen willst, ist gegen kunstvolle Zopffrisuren nichts einzuwenden – aber bitte keine Pferdehaare abschneiden.

Putzen ist viel mehr als nur Saubermachen

Putzen bedeutet auch Körperkontakt. Bestimmt hast du schon beobachtet, daß Pferde einander manchmal beknabbern, vor allem in der Gegend des Widerristes. Sie berühren einander gegenseitig hauptsächlich an Körperstellen, die sie nicht selbst erreichen. Mit dieser Knabberei zeigen sie gleichzeitig, daß sie einander mögen und vertrauen. Der Verhaltensforscher nennt diese Tätigkeit daher *soziale Körperpflege*.

Dasselbe spielt sich beim Putzen ab. Du befreist das Pferd von Schmutz, von juckenden Rückständen auf der Haut, von ausfallenden Haaren. Du zeigst ihm, daß du ihm freundlich gesinnt bist, und baust ein immer stärkeres Vertrauensverhältnis auf.

Weil Pferde sich gegenseitig «putzen», wollen vor allem junge Pferde auch den Menschen beknabbern. Doch weil dieser Liebesbeweis unserer zarten Haut nicht gerade zuträglich ist, müssen wir ihnen das abgewöhnen. Auch wenn wir gerade eine dicke Jacke anhaben und das Knabbern daher wenig Schaden anrichten würde, geben wir dem Tier jedesmal einen kleinen Nasenstüber, bis es begriffen hat: Menschen putzt man nicht! Dasselbe gilt, wenn Pferde betteln und dabei zu knabbern anfangen. Wenn du das nicht konsequent unterbindest, artet das Knabbern leicht in schmerzhaftes Beißen aus. Aus diesem Grund ist es auch sinnvoll, deinem Liebling nicht bei jeder Gelegenheit Leckerbissen zuzustecken. Damit bringst du ihm ja das Betteln eigentlich bei.

Bei uns gibt es nur Belohnungswürfel, wenn ein Pferd eine Sache gut gemacht hat, wenn es etwas Neues gelernt hat, wenn es sofort von der Weide kommt, wenn wir rufen usw. – und auch in solchen Fällen nicht regelmäßig. Das Füttern aus der Hand darf nicht zur Gewohnheit werden, und mit dem Leckerbissen dürfen wir das Pferd auch nicht bestechen, sondern immer nur belohnen.

Jedes Haar hat seinen Sinn

Wie das Haar unseren Kopf ziert, bilden auch Fell, Mähne und Schweif einen natürlichen Schmuck des Pferdes. Aber selbstverständlich läßt die Natur den Pferden nicht Haare wachsen, damit sie schön sind, sondern um wichtige Funktionen zu erfüllen.

Die Haare am Pferdekörper leiten das Wasser ab und schützen ihn so vor Unterkühlung. Das geschieht nicht nur, weil diese Haare laufend von Hautdrüsen eingefettet und dadurch wasserabstoßend werden, sondern auch, weil sie sinnvoll angeordnet sind. Der «Strich» verläuft vom Rücken gegen den Bauch; daher rinnt das Wasser wie über die übereinandergeschichteten Ziegel eines Daches abwärts. Verschiedene Haarwirbel funktionieren als «Weichen» und leiten das Wasser um. Der Wirbel beim Hüftknochen zum Beispiel führt das vom Rücken kommende Wasser zur Bauch- und zur Außenseite der Schenkel. Er verhindert, daß die Nässe an die fast haarlose Innenseite der Schenkel gelangt. Stirnschopf und Mähne führen das Regenwasser von Kopf und Mähnenkamm ab. Der Schweif verhindert, daß die Analgegend naß wird. Dabei spielen vor allem die kürzeren, seitlichen Haare an der Schweifrübe eine wichtige Rolle – sie heißen ja nicht umsonst Dachhaare. Die Fesselbehaarung – man nennt sie auch Fesselbehang, Kötenhaar, Kötenzopf usw. – schützt die fast nackte Stelle hinten über dem Huf, die Fesselbeuge, nicht nur vor Nässe, sondern auch vor Verletzungen durch Zweige, Steine, Schneeharsch usw. Das dicke Winterfell mit dem groben, fettigen Deckhaar und der weichen Unterwolle stellt einen wichtigen Kälteschutz dar.

Haare haben aber auch eine sehr wichtige Funktion als Insektenschutz.

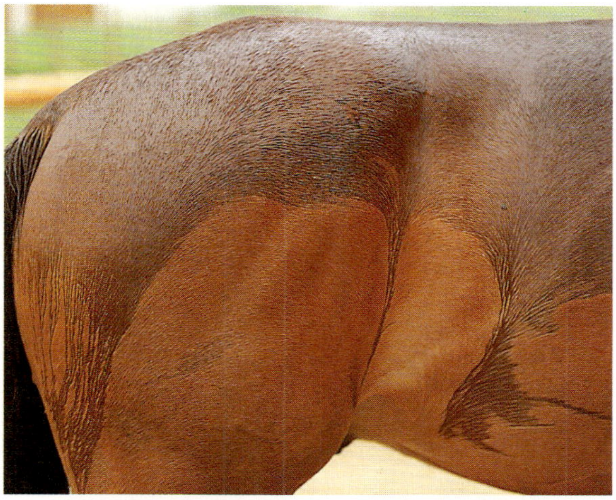

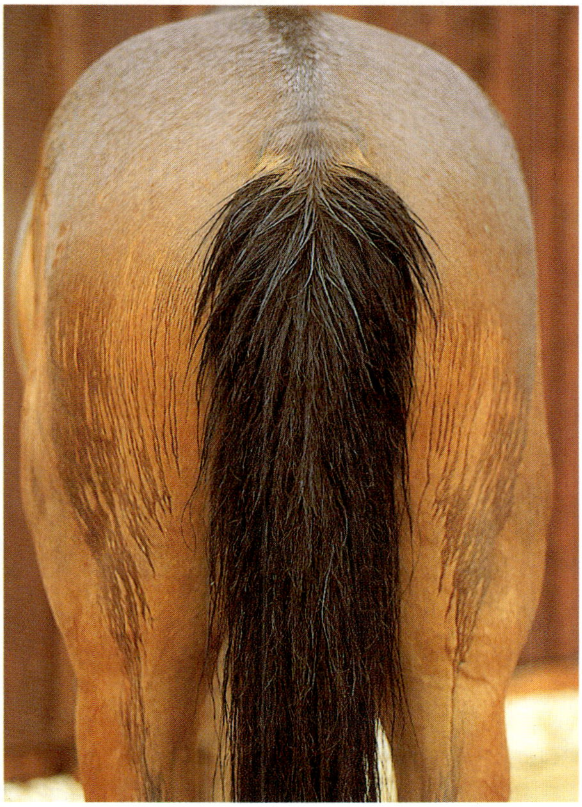

Hier siehst du, wie wirkungsvoll die Haare das Regenwasser ableiten. Sehr häufig schneiden Leute die Dachhaare seitlich oben am Schweif ab. Das ist ein völliger Unsinn, denn diese Haare sind ein wichtiger Schutz, und kein Pferd wird durch das Abschnipseln schöner.

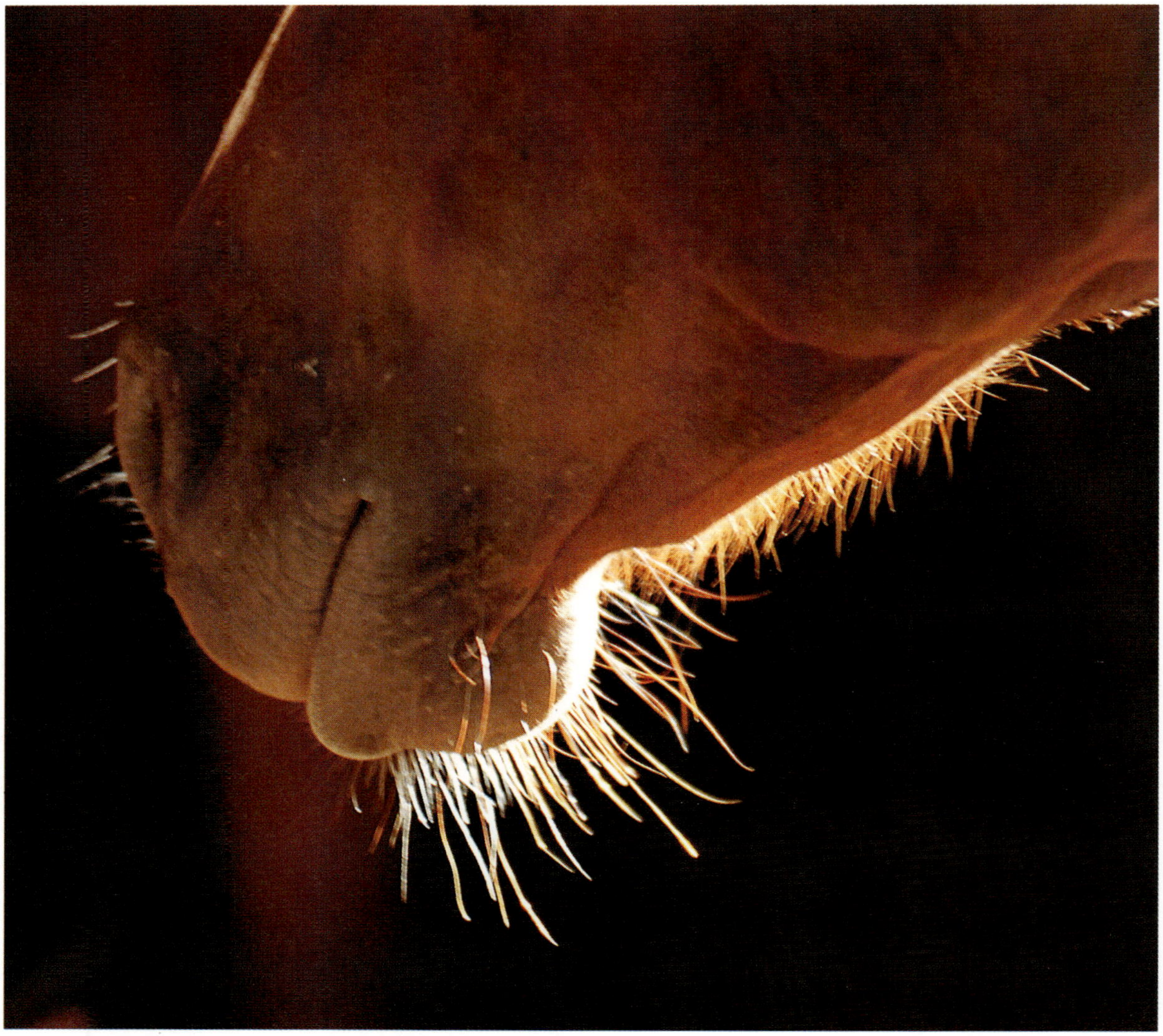

Mit dem Schweif vertreiben die Pferde die lästigen Plagegeister vom Körper, mit dem Stirnschopf können sie die Augen einigermaßen insektenfrei halten. Eine Menge feiner Haare hindert die Insekten weitgehend vor dem Eindringen in die Ohren des Pferdes.

Eine ganz andere Rolle spielen die langen Haare am Kinn und um das Maul herum. Sie sind mit Tastsinneszellen verbunden. Pferdeaugen sehen vor allem gut auf größere Entfernung, können aber kaum Dinge wahrnehmen, die sich direkt unter dem Kopf befinden; diese können sie jedoch mit den Tasthaaren erfühlen.

Die Natur hat sich also einiges einfallen lassen, um dem Pferd das Leben zu erleichtern. Und was tun wir? Bis vor wenigen Jahren war es gang und gäbe, den Arbeitspferden den Schweif kurz zu schneiden. Tierschutzgesetze verbieten das zwar in den meisten Ländern, aber da und dort macht man es heute noch. Im übrigen darf jeder an den Haaren seines Pferdes herumschnipseln, wie es ihm beliebt. Weitverbreitet ist der Unsinn, die Dachhaare an der Schweifrübe wegzuschneiden, die Haare aus den Ohren zu entfernen und die Fesseln zu enthaaren. Vielen Pferden stutzt man die Mähne und schneidet ihnen den

Linke Seite: Bitte nicht rasieren! Das Pferd braucht die Tasthaare.
Links: Warum läßt man den Fjordponys die Mähne nicht?
Mitte: Dem Tennessee Walking Horse wurden radikal alle Kopfhaare geschoren. Ist das nicht haarsträubend?
Unten: Noch immer werden Araber für die Schau um Augen und Nüstern dunkel geschminkt. Zum Heulen!

Stirnschopf weg, weil das so Tradition ist. Ob das schöner ist als eine wallende Mähne, bleibt Geschmackssache – aber einem Tier seinen natürlichen Schutz zu nehmen, ist auf jeden Fall ein ausgewachsener Unsinn und beweist leider, daß noch immer viele Leute sehr wenig Verständnis für ihre «ach so geliebten» Pferde haben.

Nicht genug damit: Bei manchen Pferden werden auch noch die Tasthaare an Kinn und Nüstern wegrasiert. Für das Pferd muß das ähnlich schlimm sein, wie wenn man dir den Tastsinn in den Fingern wegoperieren würde.

Manche Leute schminken ihre Pferde. Darüber kann vielleicht sogar ein Pferd lachen, denn es schadet und schmerzt nicht. Aber wenn man Pferde zum «Schönheitschirurgen» bringt, zum Beispiel um den Schweif zu «anglisieren» – also durch Durchschneiden von Muskelsträngen an der Schweifrübe erreicht, daß der Schweif höher getragen wird –, dann hört der Spaß auf. Und geradezu absurd wird es, wenn «Araberfreunde» in Amerika ihren Pferden eine Silikonmasse unter die Haut spritzen lassen, etwa um eine nicht ganz wunschgemäße Form der Kruppe zu «korrigieren», oder durch Schwitzpackungen einen schlanken Hals erzielen wollen – das gibt es wirklich!

Satteln, Aufsitzen, Reiten

Hopp, hopp, hopp, Pferdchen lauf Galopp

Wir Zweibeiner haben, was die Gangarten betrifft, sehr bescheidene Möglichkeiten. Ob wir nun spazieren, joggen oder sprinten, stets setzen wir abwechselnd den rechten und den linken Fuß auf den Boden – und damit hat es sich. Da sind einem Pferd mit seinen vier Beinen natürlich viel mehr Kombinationen gegeben.

Jedes Pferd bringt die Anlage zu mindestens drei Gangarten mit auf die Welt, und die kennst du bestimmt auch: *Schritt, Trab* und *Galopp*. Weißt du auch, wie sie funktionieren? Beim normalen Schritt ist die Fußfolge vorne rechts, hinten links, vorne links, hinten rechts usw. – zu hören als etwas unregelmäßiger Viertakt. Beim Trab ist die Abfolge vorne rechts und hinten links (gleichzeitig); vorne links und hinten rechts; er erklingt als Zweitakt. Beim Galoppieren (im Linksgalopp) setzt das Pferd vorne links, hinten rechts, danach hinten links und vorne rechts gleichzeitig auf; man hört daher drei Schläge in gleichmäßigem Rhythmus, gefolgt von einer kurzen Pause in der Schwebephase. Im Rechtsgalopp beginnt der Bewegungsablauf vorne rechts. Das ist bei weitem nicht so kompliziert, wie es aussieht. Versuche diese Gangarten auf allen vieren nachzumachen!

Nun gibt es aber Pferde, denen eine weitere Gangart praktisch angeboren ist: der *Paß*. Diese Veranlagung ist viel häufiger, als man glaubt. Bei einigen Rassen gehört sie sogar zu den typischen Merkmalen, zum Beispiel bei den Pasopferden und bei den Islandponys. Im Paßgang setzen die Hufe nicht diagonal (übers Kreuz) auf wie beim normalen Trab, sondern diametral (entgegengesetzt). Also: vorne rechts und hinten rechts (gleichzeitig), dann vorne links und hinten links (gleichzeitig). Auch der Paß läßt sich auf Händen und Füßen ohne Schwierigkeiten nachvollziehen.

Nun aber haben Pferde mit Paßgang auch die Veranlagung zum *Tölt*. Man kann den Tölt einfach als Variation zwischen Paßgang und normalem Schritt mit sehr schneller Schrittfolge bezeichnen. Ein «sauberer» Tölt erklingt als reiner Viertakt. Wenn du ihn auf allen vieren nachzuahmen versuchst, wirst du sehr wahrscheinlich scheitern.

Vorn rechts, hinten links, vorn links, hinten rechts – alles in mehr oder weniger gemütlichem, nicht ganz reinem Viertakt: das bezeichnet man als Schritt.

Oben: Vorn rechts und hinten links (gleichzeitig), vorn links und hinten rechts (gleichzeitig), das erklingt als Zweitakt und ist der Trab. Er ist nicht besonders bequem, weder für den Reiter noch für das Pferd. Ein langsamer, ganz lockerer Galopp (die Westernreiter sagen Lope dazu) wäre eigentlich für beide Beteiligten komfortabler.
Unten: Die schnellste Gangart – Galopp. Das ist schon fast wie Fliegen.

Das Besondere am Tölt ist, daß der Reiter in zügigem Trabtempo vorwärtsreitet, ohne dabei durchgeschüttelt zu werden. Er sitzt praktisch erschütterungsfrei im Sattel, er «schwebt». Früher waren Paßgänger deswegen sehr begehrt, doch mit dem militärischen Reitstil, der sich in den letzten Jahrhunderten breitmachte, gerieten die «fünfgängigen» Pferde in Vergessenheit. In einigen abgelegenen Weltgegenden, zum Beispiel in Island, Peru und Kolumbien, schätzte man hingegen die Bequemlichkeit und züchtete gezielt Tiere mit besonders guten Veranlagungen für die Gangarten.

Seit einigen Jahrzehnten finden solche «Gangpferde» auch bei uns immer mehr Anhänger. Allen voran waren es die Islandponys, durch die das Tölten bei uns erst wieder bekannt wurde. In jüngerer Zeit begegnet man hier immer öfter auch den feurigen, edlen Pasopferden aus Südamerika.

Islandponys — kleine Pferde mit großem Herz

Als vor einigen Jahrzehnten die ersten Islandponys bei uns auftauchten, hatten die meisten Reiter vom «hohen Roß» herunter nur gerade ein mitleidiges Lächeln übrig. Bald aber bewiesen die kleinen Pferde ihre großen Qualitäten. Sie wurden zum Sinnbild einer völlig neuen Einstellung zum Pferd, zum Symbol für das Freizeitreiten, für die Robusthaltung und für einen pferdegerechten Umgang. Heute gibt es allein in der Schweiz rund 2500 Isländer, und in Deutschland leben ungefähr zehnmal so viele.

Charakteristisch für diese harten Typen aus dem Norden ist der meist kurze, sehr ausdrucksvolle Ponykopf mit der breiten Stirn, den großen Augen, den kleinen, pelzigen Ohren, welche in der mächtigen Mähne und im üppigen Stirnschopf fast verschwinden. Der Hals ist eher kurz und stark, der ganze Körperbau kräftig und kompakt, die Beine sind kurz und sehnig. Wenn Isländer im Auslauf stehen, könnte man glauben, nichts könne sie aus ihrer trägen Ruhe bringen. Kaum aber gesattelt, zeigen sie sich lebhaft und unermüdlich, und im Gelände beweisen sie eine Trittsicherheit und Ausdauer, wie man sie sich bei manchem Großpferd nur wünschen kann. Fast durchweg besitzen sie einen liebenswerten Charakter, auch wenn sie oft so ihren eigenen Kopf haben und eine konsequente Erziehung brauchen.

Spezialgangart: Isländer im Tölt.

Trotz ihrer «Ponygröße» — im Durchschnitt beträgt ihr Stockmaß um 130 cm — sind Isländer ohne weiteres in der Lage, auch großgewachsene Erwachsene mühelos zu tragen. Zu welchen Leistungen die kleinen Pferde mit dem großen Herz fähig sind, wurde beim «größten Pferderennen aller Zeiten» eindrucksvoll bewiesen. Dieser Wettkampf fand anläßlich der Zweihunderjahrfeiern in den Vereinigten Staaten statt und führte von New York rund 6000 km weit nach Kalifornien. Unter den rund zweihundert startenden Pferden befanden sich 14 Isländer — denen man schlichtweg nicht die geringste Chance gab, ans Ziel zu gelangen. Fast die Hälfte aller Pferde schied vorzeitig aus, weil die Tiere zu erschöpft waren oder an Beinschäden litten. Die Isländer hingegen kamen alle durch!

Mit diesen liebenswürdigen Pferden sind die Gangarten Paßgang und Tölt bei uns wieder bekannt geworden. Seit Jahren werden in Europa nun regelmäßig Gangartenwettbewerbe veranstaltet.

Pasopferde – gebündeltes Temperament

Die Isländer hatten sich in Mitteleuropa bereits ihren festen Platz erobert, als aus Südamerika Gangpferde von ganz anderer Art auftauchten: die Pasos.

Pasopferde sind außergewöhnlich edel in ihrer Gesamterscheinung. Ihre Abstammung geht auf spanische Pferde mit sehr viel orientalischem Blut zurück, die ab etwa 1500 nach Südamerika kamen. Die spanischen Siedler, die sich nach der Eroberung niedergelassen hatten, suchten zum Abreiten ihrer oft riesigen Haziendas (Landgüter) ausdauernde, trittsichere und möglichst bequeme Reittiere. Gleichzeitig sollten sich die Pferde unter den stolzen Großgrundbesitzern prächtig präsentieren — das Pferd war ein Statussymbol, man versuchte mit ihm zu zeigen, wie wohlhabend man war. Schließlich sollten die Pferde aber auch anspruchslos sein, von angenehmer Größe (ungefähr 150 cm), von sehr freundlichem, willigem, dem Menschen zugewandten Wesen und lebhaftem Temperament.

Pasopferde haben eine außergewöhnliche, feurige Ausstrahlung. Sie besitzen einen edlen feinen Kopf mit klaren Augen. Eine wallende Mähne bedeckt den starken, hochgetragenen Hals. Der Körper ist muskulös und schön abgerundet, die Beine sind schlank und sehnig.

Die bekanntesten Pasorassen entstanden in den Anden: der Peruanische Paso in Peru und der Paso Fino in Kolumbien.

Um 1960 wurden die ersten Pasopferde nach Nordamerika ausgeführt und fanden dort sehr bald eine begeisterte Anhängerschaft. 1973 kamen die ersten peruanischen Pasos und Paso Finos in die Schweiz, und wenig später wurden sie auch in anderen europäischen Ländern angesiedelt, wo sie schnell Freunde fanden.

Pasos sind ganz wundervolle Familien- und Freizeitpferde. Und wer sportlichen Ehrgeiz und Freude am Gangartenreiten hat, kann mit ihnen an Gelände-, Gang-, Trail- und Rittigkeitsprüfungen teilnehmen.

Feurige Paßgänger aus Kolumbien: Paso Finos.

NATUR ODER TORTUR?

Das in der Pferdesportszene immer wieder einmal von häßlichen Methoden Gebrauch gemacht wird und daß für gewisse Reiter und Trainer das Pferd als Lebewesen überhaupt nichts bedeutet, sondern nur als Mittel, um den Ehrgeiz zu befriedigen, ist uns allen hinlänglich bekannt. Das ist ja auch mit ein Grund, weshalb viele Leute andere Möglichkeiten suchen, als die konventionellen Pferdesportarten sie bieten. Darum finden auch Disziplinen wie Western- und Distanzreiten sowie Reitspiele oder Gangartenreiten immer mehr Anhänger. Viele Pferdefreunde suchen nach Sportarten, die dem Wesen und den Fähigkeiten des Pferdes besser entsprechen.

An einigen Orten freilich ist das, was die Leute «vergnüglichen Pferdesport» nennen, die reine Pferdeschinderei. Wir haben in dieser Hinsicht schon einiges erlebt, aber was wir in Tennessee in den USA gesehen haben, war der absolute Höhepunkt: «It's natural» heißt der Slogan der Tennessee-Walking-Horses-Gesellschaft — es ist natürlich. In Wirklichkeit ist an den Schaugängen, die in pompösen Wettbewerben bewertet werden, gar nichts mehr natürlich. Beim besonders beliebten «running walk» zum Beispiel, einem sehr schnellen Schritt, heben die Pferde die «Knie» (eigentlich sind es die Vorderfußwurzelgelenke) unglaublich hoch an. Mit den Hinterfüßen greifen sie so extrem weit nach vorn, daß die Kruppe steil abfällt und es aussieht, als müßten die Tiere jeden Augenblick hinten zusammenbrechen. Um dem Pferd solche Schaugänge beizubringen, wendet man eine ganze Reihe übler und übelster Tricks an. Zuerst einmal werden die Vorderfüße belastet mit immer größeren keilförmigen Hartgummiklötzen, die beim schaureifen Pferd bis zwölf Zentimeter hoch sind. Je nach gewünschter Gangart verändert man den Winkel des Hufes und das Gewicht.

Als weitere Schikane legt man um die vorderen Fesseln lockere Ketten, die bei jedem Schritt auf den empfindlichen Kronenrand aufschlagen. Der dadurch verursachte Schmerz veranlaßt das Pferd, die Füße noch schneller und noch höher zu heben. Um die Wirkung noch zu verstärken, wird oft der Kronenrand mit scharfen Chemikalien wund gemacht. Gewünscht ist auch eine hohe Schweifhaltung. Die erreicht man, indem man die Muskelstränge an der Schweifrübe, welche den Schweif nach unten ziehen, durchschneidet und kurz vor der Schau scharfe Ingwersalbe in den After streicht. Daß zu der Palette haarsträubender Methoden auch noch wahre Marterinstrumente von Kandaren und Sporen gehören, überrascht eigentlich nicht mehr.

Handling

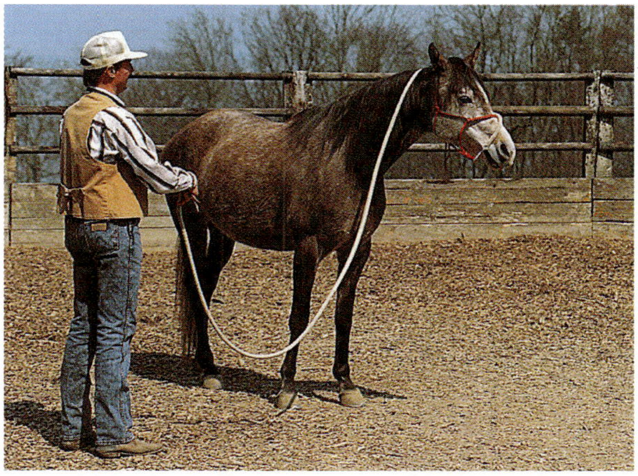

Das Wort *Handling* übersetzt man am besten mit «Umgang» oder auch mit «Bodenarbeit». Bodenarbeit bedeutet in der europäischen Reitweise allerdings heute noch vor allem Longieren, während das *Handling*, das in Amerika schon lange bekannt und vor allem mit der Westernreitweise zu uns nach Europa gekommen ist, eine ganz besonders vielseitige Grundschulung des Pferdes umfaßt. Nur ein gut erzogenes Pferd ist ja ein wirklich gutes Pferd. Dabei heißt erziehen keinesfalls drillen oder einpauken, sondern dem Pferd behutsam und konsequent beibringen, daß es gehorchen muß, aber auch Vertrauen haben kann.

Der Schweizer Trainer Werner Meier arbeitet hier mit einem Seil, um die Gelassenheit einer jungen Vollblutaraberstute zu fördern.

Die junge Araberstute *Sfera Bint El Sharai* im *Round Pen*. In diesem festgebauten, runden Korral kann man das junge Pferd longieren oder frei laufen lassen. Dort lernt es auch die menschliche Körpersprache.

Schon in erstaunlich kurzer Zeit kann der Trainer das Pferd in jeder gewünschten Gangart und in jeder beliebigen Richtung frei laufen lassen oder es auf Kommando zu sich rufen (oben).
Pferde haben eine natürliche Angst vor Berührungen mit Seilen. Sie können in Panik geraten und gefährlich werden, wenn sie sich irgendwo verwickeln. Solchen Schreckreaktionen beugt man vor, indem man die Tiere ganz behutsam und geduldig mit Seilen vertraut macht (Mitte und unten). Diese Übungen darf ein Anfänger allerdings nur durchführen, wenn jemand dabei ist, der sich mit Pferden wirklich auskennt.

Aussacken

Hast du nicht auch schon erlebt, daß ein Windstoß ein Stück Papier oder Plastik in die Luft gewirbelt hat, worauf dein Pferd mit dir – oder gar ohne dich – davongestoben ist? Solche Zwischenfälle können böse Folgen haben, denn die Schreckhaftigkeit der Pferde verursacht die meisten Reitunfälle.

Das Pferd ist, wie du auch in diesem Buch erfahren hast, von Natur aus ein Fluchttier. Es fürchtet sich vor allen plötzlichen Bewegungen. Und doch kann man diese Urangst bei jedem Pferd abbauen. Die Übungen dazu nennen wir Aussacken, aus dem einfachen Grund, weil man dafür oft einen Kartoffelsack verwendet.

Zwar nennt man das hier Gezeigte «Aussacken», aber man verwendet dazu mit Vorteil nicht einfach nur einen Jutesack, sondern verschiedenste Materialien: Papier, Stoff, Plastik, eine Satteldecke oder eine Jacke, wie es hier Werner Meier zeigt. Zuerst gehst du auf das Pferd zu und läßt es in Ruhe an dem unbekannten «Ding» riechen. Später berührst du das Pferd mit dem verwendeten Material überall am Körper, läßt es ihm um die Ohren flattern usw. Je öfter und vielfältiger du diese Übung vornimmst, desto gelassener wird dein Pferd – und desto sicherer wird es auch im Gelände.

Den Araberhengst *Gamed* (links und rechte Buchseite) bringt man mit «fliegenden Objekten» sicher nicht so schnell aus der Ruhe.

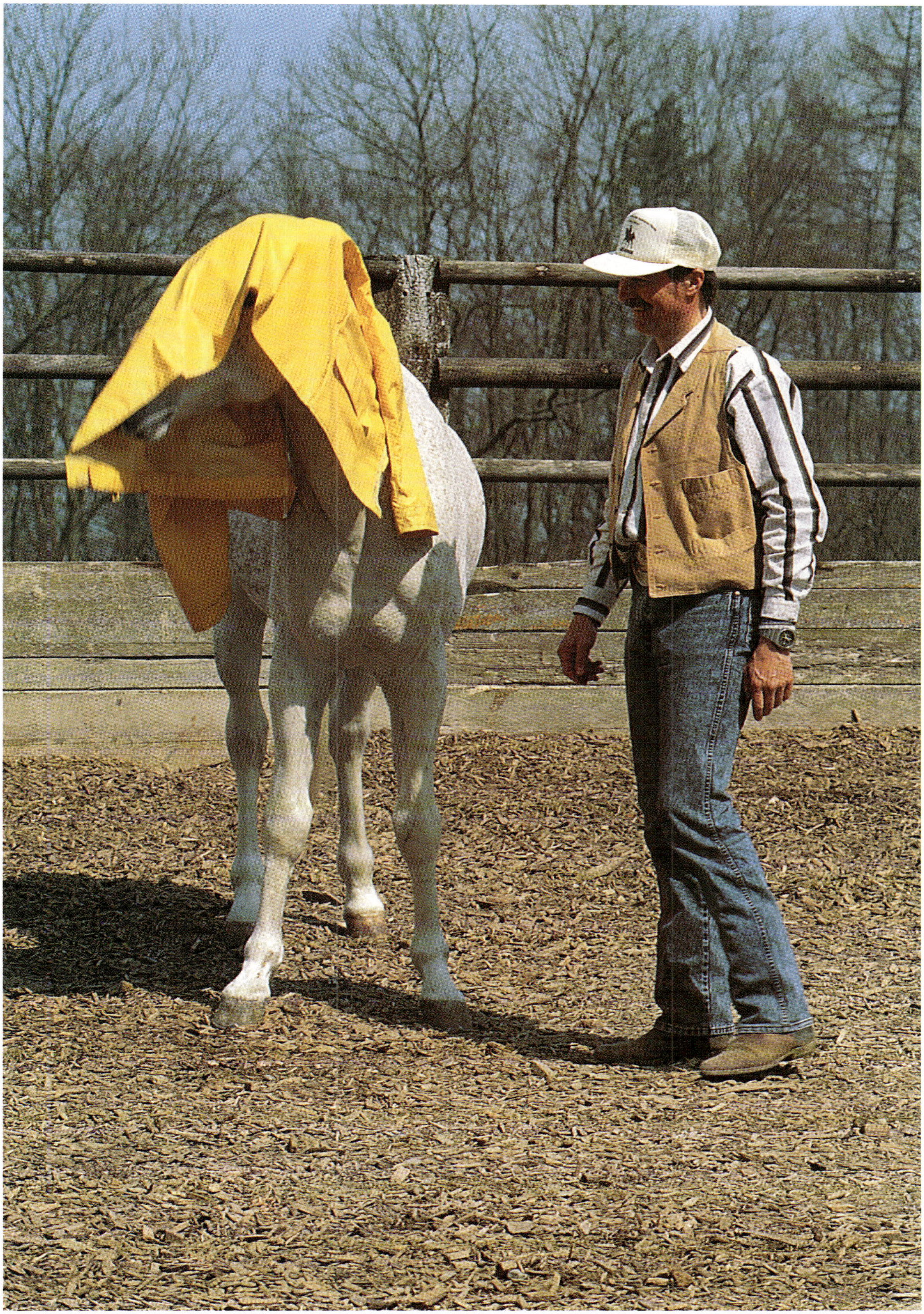

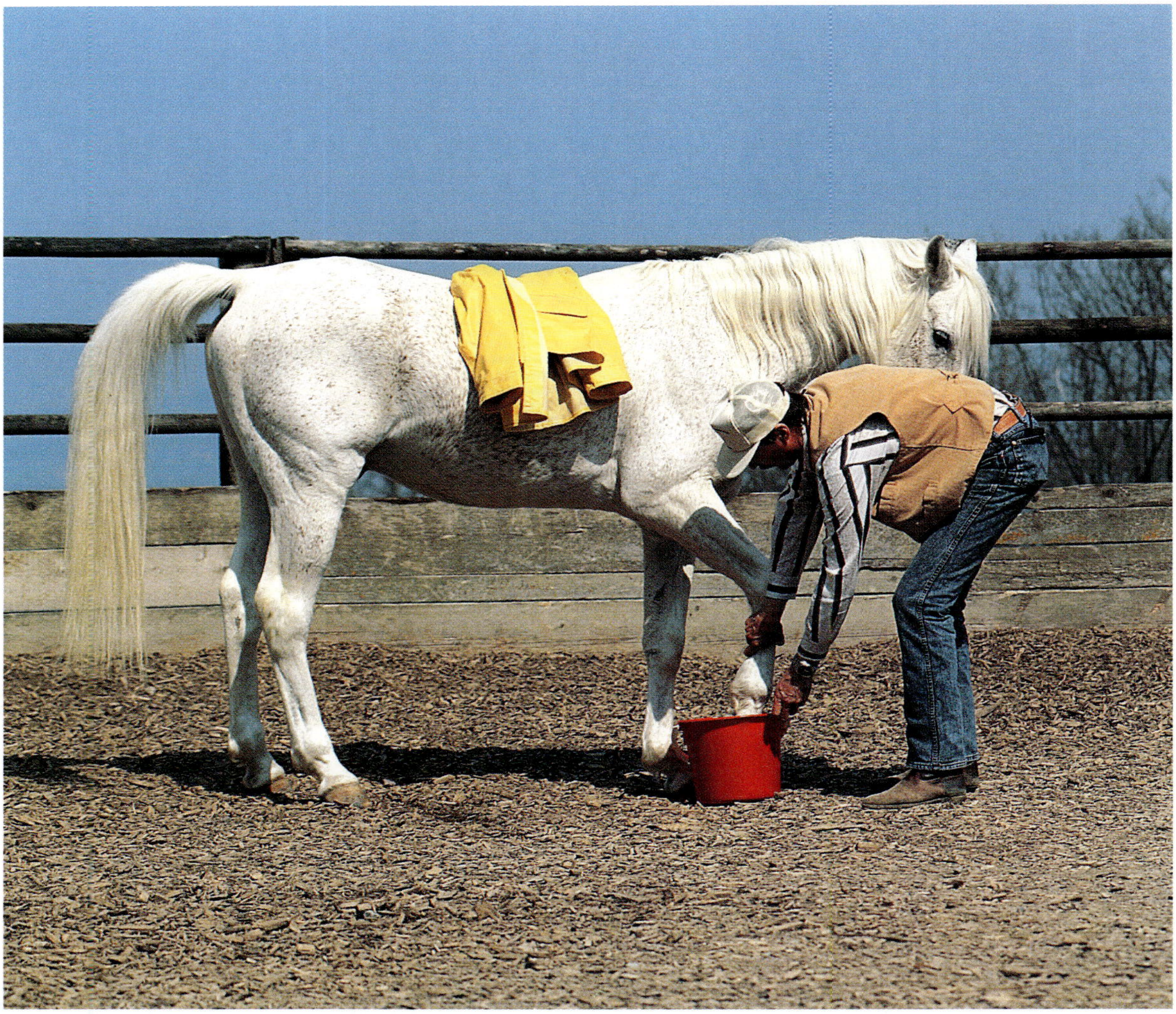

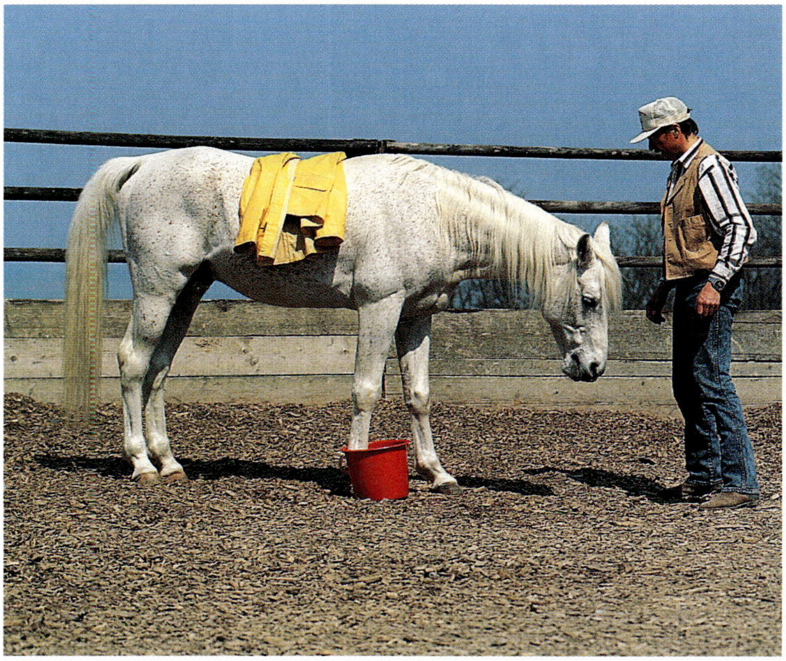

Vielleicht braucht dein Pferd einmal verletzungsbedingt ein Fußbad. Mach diese Übung, bevor das Tier wirklich verletzt ist. Es sollte mit jedem gewünschten Fuß in einem Eimer stehen bleiben, ohne sich dagegen zu sträuben.

Der in Kalifornien wohnhafte Mexikaner Alfonso Aguilar (oben) und Pat Parelli aus Colorado (unten) verdienen die Bezeichnung *Horseman* wirklich.

Horseman

Wörtlich übersetzt heißt *Horseman* «Pferdemann». Sinngemäß übersetzen läßt sich dieser Begriff jedoch kaum. Auf jeden Fall ist ein *Horseman* ein Mensch, der wie ein Pferd denken kann und zu diesem Tier eine ganz besonders enge Beziehung hat. Die Bezeichnung *Horseman* verdienen nur ganz wenige Leute, mit Sicherheit aber Alfonso Aguilar und Pat Parelli.

Die beiden haben sich große alte Meister zum Vorbild genommen, etwa Tom Dorrance, den «Vater der Bodenarbeit», und sind darauf spezialisiert, das natürliche Verhalten des Pferdes für ihre Arbeit nutzbar zu machen. Ihr Ziel ist es also, auf eine möglichst natürliche, spielerische Art mit dem Pferd umzugehen.

Alfonso und Pat leben in den Staaten, doch kommen sie immer wieder einmal nach Europa, um Kurse abzuhalten. Sie bringen die Fähigkeit mit, rasch die wichtigsten Eigenarten eines Pferdes zu erkennen, darauf einzugehen und sie zu nutzen. Ebenso schnell erkennen sie die Stärken und Schwächen ihrer Schüler und können diese ganz gezielt fördern.

Vertrauen ist alles

Kein Tierfreund möchte sein Pferd versklaven. Wir lieben es und wollen es zu einem vertrauensvollen Partner heranbilden. Das erreichen wir aber nur, wenn wir ihm beibringen, daß wir in der natürlichen Rangordnung dieser Tiere den ranghöheren Platz einnehmen, also in jeder Situation den Platz des Leittieres beanspruchen. Solange diese Rollenverteilung nicht klar ist, werden wir nie wirkliche Fortschritte im Umgang mit Pferden machen.

Hast du es nicht auch schon mit einem Pferd zu tun gehabt, das bei jeder Gelegenheit aufdringlich bettelt, bei dem das Putzen und das Ausräumen der Hufe nicht ohne Störung möglich ist oder sogar zu einem gefährlichen Abenteuer wird? Oder mit einem Pferd, das beim Satteln unruhig wird und sich ungefragt in Gang setzt, kaum daß du einen Fuß im Steigbügel hast, das während des Ausrittes nur das ständige Grasen im Sinn hat oder das man kaum führen und eventuell sogar nicht einmal anbinden kann? Vielleicht läßt sich ein solches Tier sogar einigermaßen reiten, und viele sind damit bereits zufrieden. Dabei ist ein unerzogenes, mit sich selbst unzufriedenes Pferd nicht nur eine ständige Nervenprobe, sondern auch eine echte Gefahr. Ohne Respekt fehlt ihm das Vertrauen, das für eine Partnerschaft mit dem Menschen unerläßlich ist.

Was immer du dem Pferd beibringen willst, gehe immer konsequent und mit aller Geduld vor. Das fängt schon beim Putzen an. Sobald das Pferd nur einen einzigen Schritt zur Seite macht, hat es wieder zurück an seinen ursprünglichen Platz zu gehen. Nötigenfalls mußt du dies hundertmal wiederholen. Das Gleiche gilt für das Satteln und Aufsitzen.

Die Übungen können Wochen, ja Monate dauern, und du wirst auch später immer wieder zu ihnen zurückkehren müssen. Aber eines Tages wirst du auf dein Pferd steigen, ohne auch nur die Zügel berühren zu müssen, und es wird so lange völlig stillstehen, bis du ihm das Signal gibst, sich in Bewegung zu setzen. Nun hast du ein Pferd vor dir, das dir gehorcht, dir vertraut und sich bei dir wohl und geborgen fühlt, wie jedes in einer Herde lebende Pferd sich im Schutz der Leitstute sicher glaubt. Und darum wird es in jeder Situation ein sehr viel sichereres Pferd sein, ein Partner, dem auch du wirklich vertrauen kannst.

Monika und der vollblütige Araberhengst *AP Coboldo* beim Training. Mit Konsequenz wird dem Tier beigebracht, daß es beim Putzen, Satteln und Aufsteigen *immer* ruhig stehen muß. Bewegt sich das Pferd auch nur um einen Schritt (wie auf den oberen Bildern), so muß es sofort wieder zum Ausgangspunkt zurück.

Auch der temperamentvollste Araber läßt sich willig und gelassen führen, wenn er dies von Grund auf gelernt hat. In Europa geht man meistens beim Führen neben dem Pferd. Wer allerdings das natürliche Verhalten berücksichtigt, wird von seinem Schützling verlangen, daß er hinter ihm schreitet. In der Wildbahn führt das Leittier nämlich immer die Herde an. Wagt sich ein vorwitziges Tier zu weit vor, wird es sofort mit einer Drohgebärde oder einem schnellen Biß auf seinen Platz verwiesen. Es ist sicher sinnvoll, dieses natürliche Verhalten auszunützen und seinem Pferd beizubringen, uns zu folgen – bei Ungehorsam auch mit einem gelegentlichen Klaps mit dem Führstrick auf die Nase. Durch richtiges Führen setzest du bereits ein wichtiges Element der Grunderziehung durch: an der Rangordnung gibt es nichts zu rütteln!

Ground Tying

Ground Tying heißt wörtlich «an den Boden binden» und ist wiederum ein Ausdruck aus der Westernreitweise. In Wirklichkeit wird das Pferd gar nicht angebunden, sondern man läßt lediglich den Zügel zu Boden hängen. Mit einem geschlossenen europäischen Zügel darf man das allerdings nicht ausführen, sondern nur mit den geteilten amerikanischen *Split Reins*. Man kann aber dem Pferd das Stehenbleiben auch ohne hängende Zügel beibringen – aus Sicherheitsgründen ist dies sogar noch besser.

Am Anfang versuchst du es am besten im Paddock. Das Pferd wird dir wahrscheinlich nachlaufen oder irgendwohin spazieren, um nach saftigem Gras Ausschau zu halten. Das darfst du auf keinen Fall zulassen. Stelle das Pferd zuerst so hin, daß seine Vorderfüße nebeneinander stehen. Das ist seine natürliche Ruhestellung. Der Drang zum Vorwärtsgehen ist dadurch schon viel geringer. Nun stellst du dich vor das Pferd, das Gesicht ihm zugewendet. Gib ihm jetzt ein bestimmtes Zeichen, etwa die Hand hochhalten, als wolltest du es so zurückhalten, und befiehl mehrmals mit deutlicher Stimme: «steh» – oder «whow» oder sonst irgendein Wort, doch muß es immer dasselbe sein. Früher oder später wird sich das Tier dieses Wort und deine Geste einprägen. Nun entfernst du dich langsam rückwärts vom Pferd, wobei du es dauernd mit der Stimme beruhigst und lobst. Macht es auch nur den Versuch, sich zu bewegen oder zu fressen, gehst du sofort mit einem scharfgerufenen «Steh» einen Schritt in seine Richtung. Bewegt es sich trotzdem, führst du es sofort ganz ruhig zur gleichen Stelle zurück und beginnst nochmals von vorne. Ganz wichtig ist in diesem Zusammenhang, daß du dich bei allen Übungen stets mit geringen Erfolgen begnügst. Mit noch so kleinen täglichen Fortschritten wirst du dein Ziel mit Sicherheit erreichen. Belohne dein Pferd sofort, wenn es eine gestellte Aufgabe erfüllt. Dafür genügen bereits Loben und Streicheln. Am Ende des Trainings kannst du auch einige Futterwürfel zur Belohnung geben, jedoch nie vorher. Mit Bestechungsversuchen erreichst du bei einem Pferd nämlich gar nichts.

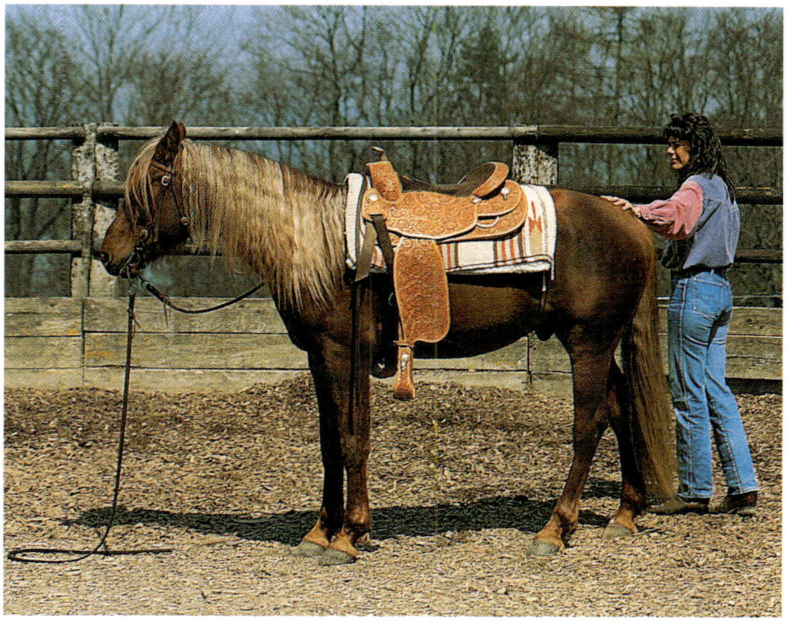

Bei bestimmten Westernreitprüfungen wird verlangt, daß das Pferd mehrere Minuten ohne Begleitung stehen bleiben. Das kann jedes Pferd lernen, sogar ein Vollblutaraber. Tiere, die angebunden nicht stillstehen können oder beim Führen herumzappeln, sind ganz einfach schlecht erzogen.

Zirkus, Zirkus
Pferde spielen ausgesprochen gerne. Je mehr Phantasie du in die Arbeit einbringst, desto größere Freude macht es ihnen. Viele Leute wollen heute nichts mehr von dem sturen Reitschuldrill wissen, sondern mit ihren Tieren Harmonie und Abwechslung erleben – vielleicht sogar kleine Zirkuskunststücke einstudieren. Gelegentlich werden ganz amüsante Kurse durchgeführt, bei denen man einige spektakuläre Tricks mit dem Pferd lernen kann. Einer Geraldine oder einem Fredy Knie brauchst du ja nicht gleich nachzueifern. Die Hauptsache ist, daß alle Beteiligten an dem Spiel ihr Vergnügen finden.

Linke Seite: Helmut Piller übt mit Vorliebe zusammen mit Kindern Showtricks mit Pferden ein.

Folgende Seite: Das Ergebnis guter Erziehungsarbeit sind zufriedene Pferde, auf die man sich immer und überall verlassen kann.

Voltigieren – Gymnastikstunde auf dem Pferderücken

Voltigieren ist der Name für gymnastisch-turnerische Übungen auf einem galoppierenden Pferd; es schult die Körperbeherrschung, das Gleichgewichtsgefühl und fördert das Selbstvertrauen. Eigentlich sollte man jedem Reitanfänger den Rat geben, bald mit Voltigieren zu beginnen. An der Longe, ohne Sattel und Zügel, lernt man, einen guten, von der Hand unabhängigen Sitz zu erlangen. Es soll niemand, auch die Erwachsenen nicht, behaupten, man habe diesen «Kinderkram» nicht nötig. Der Oberbereiter der Spanischen Reitschule in Wien bildet seine Schüler jahrelang an der Longe aus! Ob du dich mit einfachen Übungen zufrieden gibst oder auch die schwierigen versuchen willst, es macht auf alle Fälle Spaß! Zum Voltigieren braucht es ein an der Longe gut ausgebildetes Pferd. Dieses trägt einen speziellen Gurt, an dem du dich festhalten kannst, einen Kappzaum, an dem die Longe und die Ausbindezügel befestigt werden, und als Beinschutz Bandagen. Vor jeder Voltigierstunde wird das Pferd zuerst ohne Ausbindezügel und Reiter longiert, damit es sich aufwärmen kann. Auch du solltest dich warm turnen, damit deine Muskeln, Sehnen und Gelenke geschmeidig werden. Die ersten Übungen turnst du im Schritt: den Hals des Pferdes mit beiden Armen zu umfassen versuchen, mit der Hand die Pferdeohren zu berühren, sich auf den Rücken des Pferdes legen oder mit der Hand deine Fußspitze antippen. Gar nicht so einfach, nicht wahr? Aber herrlich, wenn du auf dem warmen Pferderücken liegst, deine Augen schließt und spürst, wie sich seine Muskeln bewegen. Wenn du Freude daran hast, wieso fragst du nicht deinen Reitlehrer, ob er dir zeigt, wie eine Fahne, eine Mühle oder eine Flanke geturnt wird? Schwieriger wird es im Trab; da muß man üben, üben und nochmals üben, bis man so sicher und weich sitzt, daß man die Arme seitwärts ausstrecken oder verschränken kann. Weitere Übungen sollte man nicht im Trab versuchen: Diese Gangart ist zu schnell, um sich in die Bewegung hineinzufinden, anderseits gibt sie zuwenig Schwung für die Turnübungen. Im Galopp geht vieles einfacher: Die kraftvollen Bewegungen des Pferdes geben dir den nötigen Schwung zum Auf- und Abspringen und zu weiteren Übungen.

Sportlicher Spaß auf dem kreisenden Pferd: Voltigieren.

REITEN ALS THERAPIE

Schon seit geraumer Zeit werden Ponys und Pferde auch für Therapien und Sport mit körperlich und geistig behinderten Menschen eingesetzt. Am besten eignen sich dazu ausgeglichene, ruhige Tiere, die über eine gehörige Portion an starken Nerven und einen tadellosen Charakter verfügen und gut ausgebildet sind. Denn bei dieser Art Reiten handelt es sich nicht einfach um das Spazierenführen von Kindern oder Erwachsenen auf dem Rücken eines Pferdes.

Um zum Beispiel bei der **Hippotherapie** verspannte Muskelpartien beim Patienten zu lösen oder die Beweglichkeit der Wirbelsäule zu fördern, muß das Pferd aufmerksam, gangrein und symmetrisch gehen. Zusätzlich sollte es beim Aufsteigen ruhig stehenbleiben, sich durch den häufig eher steif und unsicher sitzenden Reiter nicht selbst aus dem Gleichgewicht bringen lassen und auf leiseste Kommandos sanft antreten oder anhalten. Dies verlangt vom Pferd volle Aufmerksamkeit: Es muß sowohl auf seine Führperson achten als auch auf dessen Helfer.

Der Kontakt mit Pferden kann auch Geist und Psyche des Menschen positiv beeinflussen. Beim heilpädagogischen Reiten wird deshalb viel Zeit auf die Pflege und das Führen des Pferdes aufgewendet. Nicht die reiterliche Ausbildung steht im Vordergrund, sondern die individuelle Förderung. Das kann für ein behindertes Kind oder einen Jugendlichen der Aufbau einer vertrauensvollen Beziehung sein, für ein anderes das Schulen und Koordinieren von eigenen Bewegungsabläufen mit denjenigen des Pferdes, etwa durch das Führen des Pferdes durch einen Geschicklichkeitsparcours. Viel Spaß und Freude auf beiden Seiten sind immer dabei!

Hilfszügel – Pferd und Reiter auf der Schulbank

Hilfszügel erleichtern die Ausbildung von Pferd und Reiter. Sie sollen die Hilfen des Reiters für das Pferd eindeutiger machen und verstärken; sie sind hingegen nicht dazu gedacht, ungeschickten Reitern zu helfen, ihr Pferd besser «in den Griff zu bekommen». Hilfszügel sollten mit Vernunft eingesetzt werden. Jede Zwangsausübung, die auf Dauer den Widerstand des Pferdes herausfordert, wird zum Mißerfolg führen. Bei jedem Pferd ist individuell jedes Hilfsmittel daraufhin zu untersuchen, ob es die Verständigung zwischen Tier und Reiter fördert oder nicht.

Ausbindezügel sind ein beliebtes Hilfsmittel, um die Reiterhand zu ersetzen. Der Anfänger kann sich um sein Gleichgewicht und seinen Sitz kümmern, ohne das Pferd im Maul zu irritieren. Ausbindezügel werden links und rechts im Longier- oder Sattelgurt und vorne im Kappzaum oder in den Trensenringen eingeschnallt. Die richtige Länge kann nur annähernd vor dem Aufsitzen abgeschätzt werden; meist müssen sie während der Arbeit je nach Gangart des Pferdes kürzer oder länger fixiert werden. Zu Beginn der Arbeit und am Schluß sollten die Ausbindezügel nicht eingeschnallt sein, damit sich das Pferd zuerst frei bewegen und eventuelle Steifheiten ablegen kann.

Ein *Stoßzügel* hat die gleiche Wirkung wie Ausbindezügel, mit dem zusätzlichen Vorteil, daß sich das Pferd damit auch strecken kann. Er führt vom Sattelgurt zwischen den Vorderbeinen

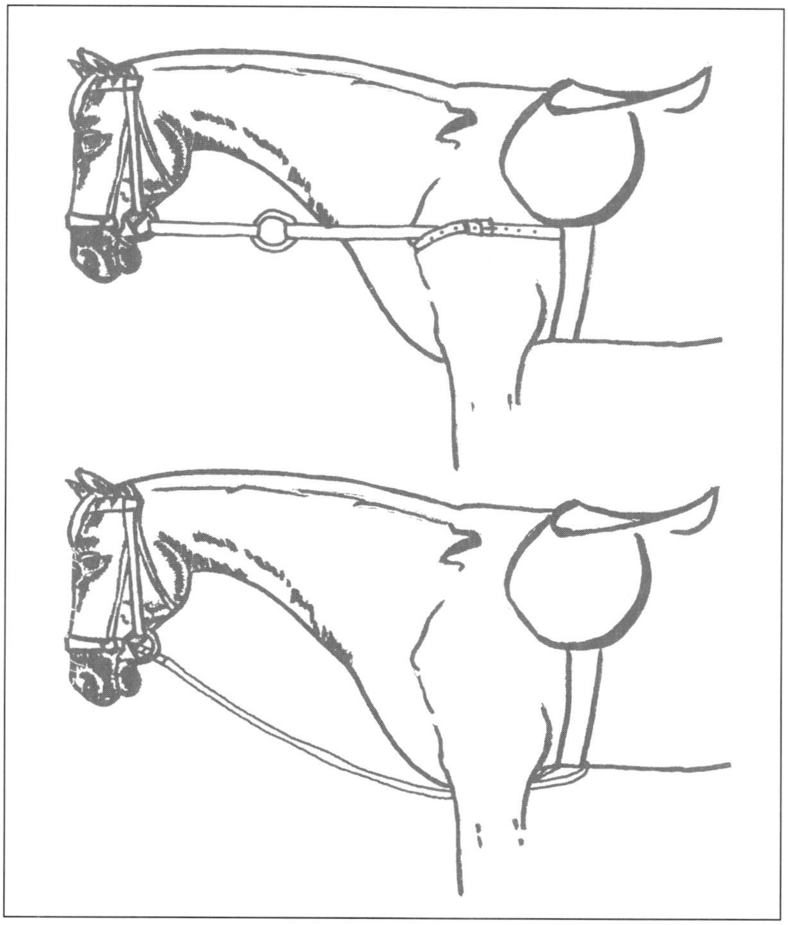

Der Ausbindezügel (oben) dient dazu, die Reiterhand zu ersetzen, zum Beispiel beim Longieren und Voltigieren. Der Stoßzügel (unten) wirkt ähnlich, gibt dem Pferd aber etwas mehr Freiheit.

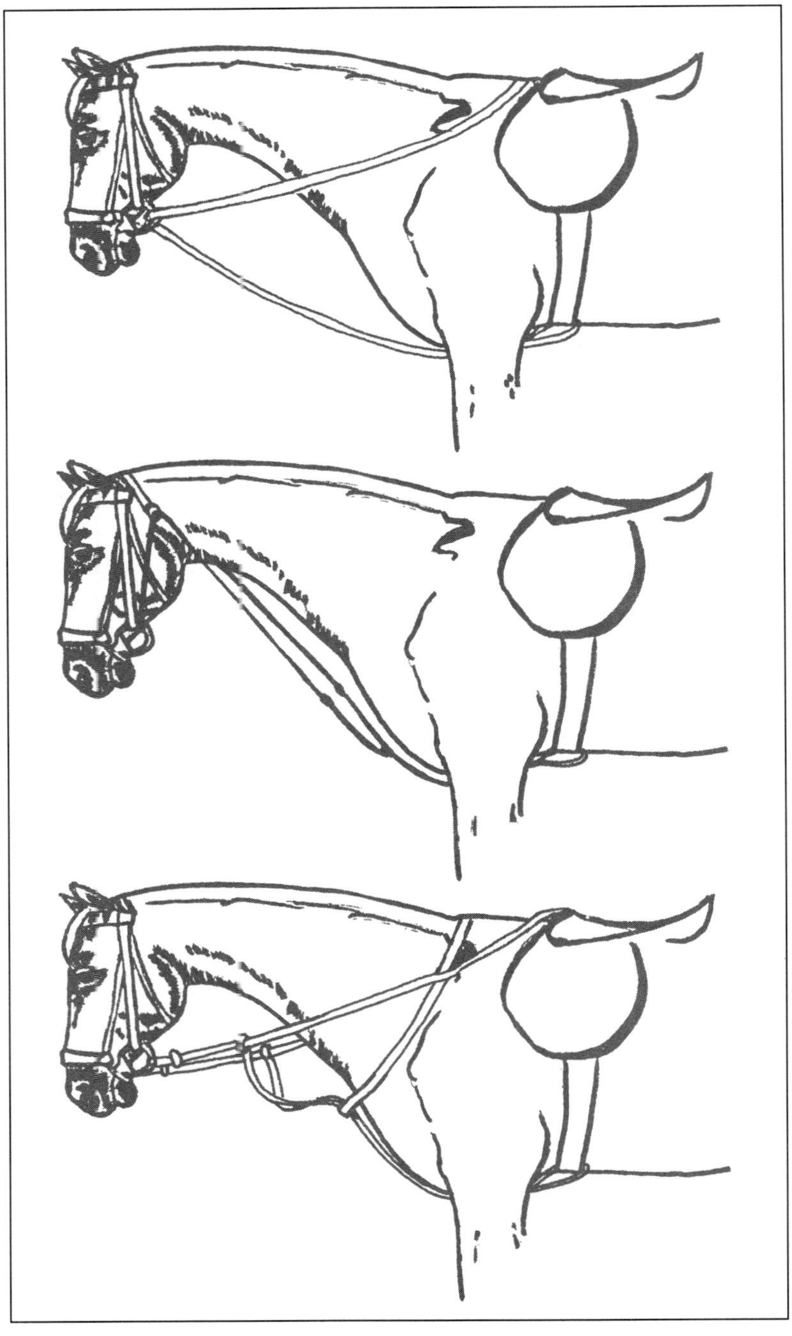

Der Schlaufzügel (oben) ist ein gutes Hilfsmittel beim Longieren junger Pferde. Mit dem Chambon (Mitte) longiert man Pferde, welche die Nase vorstrecken und den Rücken einsenken. Das Martingal (unten) sollte nur vorübergehend bei Pferden verwendet werden, die beim Reiten den Kopf hochwerfen. Rechte Seite: Das Martingal wird bei einem gutausgebildeten Pferd nicht gebraucht. Bei diesen drei Reiterinnen gehört sie offenbar zur normalen Ausrüstung – aber hier stimmt offensichtlich auch sonst einiges nicht.

durch zum Kinngurt, wo der Stoßzügel fest eingeschnallt wird.

Beim jungen, noch unausgebildeten Pferd ist zum Longieren der *Schlaufzügel* gut geeignet, weil das Pferd nicht wie bei den Ausbindezügeln starr eingegrenzt ist, sondern dieser Zügel ihm die Vorwärts-abwärts-Richtung anzeigt. Der Schlaufzügel wird beim Longieren unten im Sattel- oder Longengurt eingezogen, verläuft zwischen den Vorderbeinen des Pferdes hindurch von innen nach außen durch die Trensenringe und wird oben am Sattel bzw. Longiergurt befestigt. Da die Zügel in den Trensenringen nicht fest verschnallt sind, kann sich das Pferd jetzt ungehindert dehnen und strecken. Man kann diese Hilfszügel auch zum Reiten verwenden, allerdings nur dann, wenn man tatsächlich zu reiten versteht und im Augenblick des Dehnens auch mit Gefühl nachgeben kann.

Pferden, die an der Longe mit vorgestreckter Nase gehen, einen hohlen Rücken machen und nicht genug untertreten, kann auch mit Hilfe eines *Chambons* der richtige Weg gezeigt werden. Dieses übt einen Druck auf das Hinterhauptbein dicht hinter den Ohren aus, wenn sich das Pferd nicht gelöst bewegt. Sobald es sich dehnt, wird der Verbindungsriemen, der vom Longengurt zwischen den Beinen hindurch über das Genickstück läuft, gelockert, und der Druck am Kopf verschwindet. Das Pferd belohnt sich auf diese Weise sofort selbst, wenn es in der gewünschten Dehnungshaltung geht.

Das *Martingal,* ein zwischen den Vorderbeinen des Pferdes durchlaufender Springriemen, sollte ein gut ausgebildetes Pferd eigentlich nicht brauchen. In Dressurprüfungen darf es gar nicht verwendet werden, weil man davon ausgeht, daß der Reiter gar nicht in die Lage kommt, mit Hilfe eines Martingals seine wegen eines hochgeworfenen Halses und Kopfes unwirksame Zügeleinwirkung korrigieren zu müssen. Wirft das Pferd aus irgendeinem Grund den Hals und Kopf nach oben, übt nämlich jede Zügeleinwirkung einen Druck auf Maulspalte und Backenzähne aus, wodurch sie unwirksam wird. Der eigentliche Zweck dieses Hilfszügels ist, in dieser Situation die Einwirkung der Reiterhand wieder in Richtung Unterkiefer zu bringen. Auf keinen Fall kann man mit Hilfe eines Martingals den Kopf des Pferdes auf Dauer «herunterzügeln». Unruhige Hälse und Köpfe sind in den meisten Fällen die Folgen mangelnder Kraft in der Hinterhand, verbunden mit einem schlechten Sitz des Reiters.

Mit der Reiterfaust oder mit dem Zweifingersystem?

Es ist überhaupt kein Problem, sich auf ein freundliches, gut ausgebildetes Pferd zu setzen und sich im Schritt herumtragen zu lassen. Aber mit *Reiten* hat das noch nicht sehr viel zu tun, abgesehen davon, daß man eben auf einem Pferd sitzt. Reiten ist eine Kunst. Es erfordert eine solide Ausbildung, aber auch Einfühlungsvermögen und eine Portion natürliche Begabung. Ohne eine Prise angeborenes Talent kannst du hundert Reitstunden nehmen – ein guter Reiter wirst du nie. Die Begabung besteht einerseits aus einem guten Gefühl für die Bewegungsabläufe des Pferdes, anderseits aus der Fähigkeit, «wie ein Pferd zu denken».

Gute Reiter gibt es überall, seien es nun Beduinen im arabischen Hochland, Pferdehirten in der Mongolei oder Herrenreiter im Dressurviereck, auch wenn sie ganz unterschiedlich reiten. Der Unterschied liegt nicht nur in der Kleidung und im Sattelzeug, sondern auch im *Reitstil*.

Bei uns in Europa herrscht noch immer verbreitet die Meinung, unser *europäischer* oder *englischer* Stil sei die einzig richtige und kultivierte Form des Reitens. Da bilden wir uns aber ganz schön etwas ein. Immerhin setzt sich seit einigen Jahren die Erkenntnis durch, daß es auch noch andere Reittechniken gibt.

Unser Stil ist bei den alten Griechen entstanden und hat seine Grundlagen

Dressurreiten im englischen Stil (oben) und Westernreiten (nächste Doppelseite).

in den Werken von Xenophon. In der Renaissance wurde dieser Stil durch verschiedene berühmte Reitlehrer wie Grisone und Pluvinel weiterentwickelt. Näheres darüber findest du im geschichtlichen Teil dieses Buches.

Diese klassische Art des Reitens war die Grundlage des heutigen europäischen Reitstils. Sie ist in der Reitbahn entstanden und eignet sich heute noch vor allem für die Reitbahn.

Einem spanischen Rinderhirten hätte die Ausbildung bei einem Pluvinel oder Cavendish nicht viel gebracht. Sein Pferd mußte nicht präsentieren, sondern funktionieren, also im Gelände seine Arbeit erfüllen. Schon vor 1000 Jahren hatten die Vaqueros ihren eigene Stil und auch eine ihrer Arbeit entsprechende Sattelung und Zäumung. Nebenbei bemerkt: Reitmethode und Sättel waren schon bei den Römern recht ähnlich. Die spanischen Eroberer und Siedler brachten ihre Pferde, ihre Sättel und ihren Reitstil mit nach Süd- und Mittelamerika sowie nach Kalifornien. Von dort breitete sich die Vaquero-Methode auch bei den Rinderhirten im nordamerikanischen Westen aus. Die spanischen Sättel und Zäume wurden im Laufe der Zeit etwas «umgebaut» – so entstand der Westernsattel. Und die Cowboys bastelten noch etwas am Reitstil der Vaqueros herum und entwickelten daraus den *Westernstil.* Dieser Stil ist heute dabei, sich in der europäischen Reitszene einen beachtlichen Platz zu verschaffen.

Wenn sich nun einer wie John Wayne verkleidet, einen Westernsattel auf seinen Freiberger (sein «Swiss Freemountain Horse») schwingt und wild in der Landschaft herumgaloppiert, dann ist er noch lange kein Westernreiter. Vor allem machen sehr viele «Einsteiger» den großen Fehler, dem Pferd eine Kandare ins Maul zu hängen. Eine Kandare gehört nur ins Maul eines im Westernstil weitgehend ausgebildeten Pferdes und in die «Fingerspitzen» eines sehr geübten Westernreiters. Sie wird sonst leicht zum Marterinstrument, mit dem man sein Pferd rasch und gründlich verderben kann. Auf die Zäumung gehen wir ein paar Seiten später noch etwas näher ein.

Was ist nun aber der genaue Unterschied zwischen «Englisch» und «Western»? In Europa wird das Pferd mehr oder weniger stark «versammelt», das heißt, die Zügel werden in beiden «Reiterfäusten» gehalten, und zwar gerade so lang, daß der Hals aufgerichtet und gewölbt ist und zwischen Pferdemaul und Händen ein ständiger Kontakt, die «Anlehnung», besteht. Durch Einwirkung von Gesäß und Schenkeln wird das Pferd «gestoßen». Man treibt also hinten an und bremst gleichzeitig vorne. In der manchmal etwas ungewohnten Pferdefachsprache «steht das Pferd an den Hilfen», damit es «nicht auseinanderfällt».

Dazu muß nun gesagt werden, daß der *verständige* Englischreiter das *gut ausgebildete* Pferd nicht dauernd zusammenstellt, sondern dieses möglichst ungestört seine Arbeit machen läßt, solange es auf die richtige Art geschieht. Aber solche Reiter sind leider Ausnahmen. Wo immer englisch geritten wird, kannst du mühelos feststellen, daß die meisten Reiter dauernd mit den Absätzen gegen die Pferdeseite klopfen – ein totaler Unsinn, bei dem jedes Pferd abstumpfen muß.

In der Westernausbildung steht das gleiche Prinzip am Anfang: Auch hier versammelt man das Pferd, damit es lernt, das Gewicht des Reiters richtig zu tragen, «im Gleichgewicht» zu gehen, also mit den Hinterbeinen deutlich un-

ter den Körper zu treten. Andernfalls werden Vorderbeine und Rücken zu stark belastet, was zu entsprechenden Schäden führt. Wenn das Pferd fertig ausgebildet ist und Beine und Rücken richtig einzusetzen gelernt hat, wird mit losen Zügeln und mit den Fingerspitzen geritten. Kopf und Hals können sich weitgehend frei bewegen und ihre natürliche Rolle als «Balancierstange» spielen. Ein Westernpferd kann daher sein Gewicht besser ausbalancieren und ist dadurch verständlicherweise im Gelände sicherer.

Auch hier muß wieder angemerkt werden, daß der *gute* Englischreiter sein Pferd im Gelände *nicht versammelt* reitet – aber schau selbst einmal an, wie mancher Geländereiter dauernd «im Maul des Pferdes hängt»!

Angetrieben und gelenkt wird das Westernpferd mit den Schenkeln, mit dem Gesäß und durch Verlagerung des Körpergewichtes. Für viele Westernreiter spielen auch Stimmsignale eine wichtige Rolle, bei einem Tier mit so gutem Gehör sicher sinnvoll; andere reiten hingegen lieber stumm durch die Gegend.

Was nun aber ganz wesentlich ist beim Westernreiten: Man gibt nur dann «Hilfen» – also Signale mit Schenkeln, Gewicht, Zügeln und Stimme –, wenn es erforderlich ist. Solange das Pferd seine Sache so macht, wie es das gelernt hat und wie wir es von ihm erwarten, läßt man es in Ruhe. Das ist ihm zweifellos angenehmer, als dauernd «an den Hilfen zu stehen». Und dies dürfte ein wesentlicher Grund sein, weshalb Westernpferde im Durchschnitt merklich ausgeglichener und zufriedener wirken als ihre «europäischen» Artgenossen. Zur Zufriedenheit trägt aber auch bei, daß Westernpferde in der Regel eher artgerecht gehalten werden.

Und noch etwas soll hier hervorgehoben werden: *Handling* und *Horsmanship*. Da könnten die Englischreiter von den Westernreitern wirklich einiges lernen! Man könnte diese Ausdrücke «Handhabung» und «Umgang mit Pferden» übersetzen. Ein Cowboy erwartet von seinem Pferd, daß es in jeder Situation problemlos «funktioniert». Es soll auf das kleinste Signal sofort reagieren und gar nicht erst den Wunsch verspüren, sich zu widersetzen. Und genau die gleichen Erwartungen hat der echte Westernreiter, ob er sich nun an Turnieren beteiligt oder nur still und für sich allein diesen Stil pflegt. Ein gutes Westernpferd rührt sich beispielsweise beim Aufsitzen nicht vom Fleck, bis es das Signal dazu erhält. Das wird geübt und geübt und geübt, bis es sitzt, auch wenn es Monate dauert. So verliert das Tier nicht bei jedem flatternden Plastikfetzen die Nerven, weil man es in der Ausbildung an die verschiedensten überraschenden Dinge oder beängstigenden Geräusche gewöhnt hat. Es bleibt nach dem Absteigen mindestens einige Minuten lang seelenruhig an Ort und Stelle stehen, wenn die Zügel zu Boden hängen. Selbst ein wenige Schritte vor der Nase aufgestellter Hafereimer kann es nicht in Versuchung führen!

Schon diese paar Müsterchen zeigen dir, daß Gehorsam und gegenseitiges Vertrauen in der Westernreiterei ganz großgeschrieben werden. Und erst wenn du selbst einmal versuchst, deinem Pferd etwas davon beizubringen, wirst du merken, daß es dazu eine ungeheure Menge Geduld braucht. Die Erziehung und Ausbildung eines Westernpferdes ist außerordentlich zeitaufwendig. Ein Cowboy rechnet mit vier bis sechs Jahren, bis er aus einem Pferd den «Crack» gemacht hat, den er sich wünscht. Da kannst du dir sicher vorstellen, daß ein Pferd nach sechs Wochen «Schnellbleiche» höchstens das A vom ganzen Alphabet kennt.

Natürlich spielt auch in der Westernreiterei das Leistungstraining eine wichtige Rolle, aber im Vordergrund steht die sorgfältige Erziehung. Sehr viele europäische Reiter hingegen erwarten von ihrem Pferd vor allem, daß es möglichst fehlerfrei einen Springparcours hinter sich bringt. Von harmonischer Zusammenarbeit ist selbst bei «Spitzenreitern» oft sehr wenig zu sehen; mancher Durchgang gleicht einem Zweikampf zwischen Reiter und Pferd. Oft werden verbotenerweise «Ausbildungsmethoden» angewendet, die reine Tierquälerei sind.

Sehr viele «europäische» Reiter haben für die Westernreiter höchstens ein mitleidiges Lächeln übrig – und umgekehrt. Sicher haben beide Methoden ihre Vorzüge und ihre Berechtigung, und überall gibt es faire Reiter mit «Pferdeverstand», ebenso wie schwarze Schafe.

Wenn du das nun gelesen hast, kommst du vielleicht auf die Idee, daß Westernreiten leichter sei und man damit schneller ins Gelände kommen könne, anstatt ewig in der Bahn seine Runden zu drehen. Irrtum – es ist nicht leichter, auch wenn es viel lässiger und lockerer aussieht, wenn man es einmal beherrscht. Aber den guten Sitz und die richtigen Hilfen mußt du so oder so lernen. Und da leider die meisten hierzulande sowieso nur den europäischen Reitstil lernen können, weil die nächste gute Westernreitschule zu weit entfernt ist, solltest du während deinen Reitstunden versuchen, nachzufragen und vor allem *Erklärungen verlangen*. Wozu reitet man Zirkel? Wozu soll das «Schulter herein» gut sein? Wieso galoppiert man aus einem Zirkel heraus an? Wieso heißt es dauernd «Absätze runter» usw.? Wenn du nämlich weißt, *weshalb* du etwas machst, wirst du das *Wie* viel schneller begreifen. Und wenn dein Reitlehrer auf eine Frage keine einleuchtende Antwort weiß, ist sicher etwas faul an der Sache.

Sieht lässig aus, ist aber genauso schwierig wie «Englisch»: das Westernreiten.

Longieren

Für jedes Pferd in jedem Alter ist das Longieren eine überaus sinnvolle Ergänzung zur Arbeit unter dem Reiter. Ohne die vielfach fehlerhafte und damit störende Einwirkung durch Gewicht und Hilfen des Reiters kann das Pferd an der Longe seinen Gang taktrein, gelassen und schwungvoll entwickeln.

Das Longieren erfordert ganz wenige Hilfsmittel, hingegen sehr viel Konzentration und Ruhe. Allein mit deiner Stimme, guter Körperhaltung und Aufmerksamkeit wird es dir gelingen, ein unsichtbares Band zwischen dir und dem Pferd zu knüpfen und wechselseitige Harmonie herzustellen. Wer meint, das Longieren diene nur dazu, ein Pferd vor dem Reiten sich austoben zu lassen, liegt völlig falsch. Man sollte es auch unterlassen, ein Pferd einfach im Kreis herumrennen zu lassen, mit der Longierpeitsche zu fuchteln, herumzubrüllen, die Longe am Boden schleifen zu lassen oder sie über den Kopf zu führen, weil man zu bequem ist, sich selbst im Kreis zu drehen.

Mit der Longe kannst du das Pferd auf bestimmten Zirkeln führen, und die Peitsche ersetzt – grob gesagt – deinen treibenden Schenkel. Zwischen diesen beiden Hilfsmitteln bewegt sich dein Schützling. Er kann sich gelöst bewegen, und sein Rücken schwingt frei. Durch das Gehen auf der Kreisbahn wird die innere Seite «rund» gemacht, während die äußeren Hals- und Rumpfmuskeln gedehnt werden. Der innere Hinterfuß muß so vermehrt Gewicht tragen und untertreten – eine ausgezeichnete Gymnastikübung.

Versuche es! Du brauchst einen ruhigen Platz, am besten eine Ecke in der Reithalle oder in einem umzäunten Viereck. Weiter benötigst du einen Kappzaum, eine Longe und eine Longierpeitsche. Besser benützt du nicht den Reitzaum, da das Verschnallen der Longe im Trensenring das Pferd im Maul stört und es beim Loslassen seines Rückens behindert.

Deine Stimme gibt die Kommandos zum Gangwechsel, ermuntert das Tier zum Mitmachen oder beruhigt es bei allzu großem Vorwärtsdrang. Kennt dein Pferd das Longieren noch nicht, brauchst du zu Beginn einen Helfer, der das Tier ruhig im Kreis führt. Tempowechsel, Anhalten und ruhiges Stehenbleiben werden so zuerst zu dritt eingeübt. Nach und nach begreift das Pferd, was du von ihm verlangst, und dein Assistent entfernt sich in deiner Richtung vom ihm. Nun übernimmst du mit deiner Stimme und der Peitsche das Kommando.

Versucht das Pferd deinem Helfer zu folgen, hebst du die Peitsche sachte an und bewegst sie in Richtung Sattelgurt, um es zum Vorwärtsgehen zu animieren. Betritt das Tier dennoch das Kreisinnere, kannst du es mit einem einfachen Ausstrecken der Peitsche auf der Höhe seiner Schulter meist sehr schnell dazu bewegen, wieder Abstand zu nehmen. Dreht es sich dir zu, so hast du schlecht aufgepaßt. Du mußt es konsequent wieder auf die Kreisbahn führen, dort stehen lassen, rückwärts zur Kreismitte gehen und erneut mit Stimme und Anheben der Peitsche das Kommando zum Vorwärtsgehen geben. Dabei beobachtest du immer aufmerksam, ob das Pferd auch zügig und trotzdem entspannt mit den Beinen ausgreift. Mit Stimme und Peitsche, die du von unten nach oben in Richtung der Hinterhand führst, gibst du das Zeichen, daß dein Schützling zügiger gehen oder seine Gangart wechseln soll. Durch Senken der Peitsche zum Boden hin oder durch tief gesprochene Kommandos forderst du das Pferd zu einem langsameren Gang oder zum Stehenbleiben auf.

Bestens zum Longieren geeignet: der Kappzaum.
Links oben: Korrektes Longieren im Freien.

Du kannst den Zirkel durch langsames Hereinholen der Longe verkleinern, was das Tier veranlaßt, sich noch stärker zu biegen und seine Hinterhand einzusetzen. Wenn du die Longe etwas freigibst, vergrößert sich die gewünschte Kreisbahn. Du wirst staunen, wie schnell ein Pferd das begreift!

Denke beim Longieren aber immer auch daran, daß diese Übungen vom Pferd Aufmerksamkeit, ein stetes Sichbiegen und ein Untertreten mit der Hinterhand verlangen. Das ist harte Arbeit. Besser brichst du die Longierübung nach einer halben Stunde ab; longiere immer in beiden Kreisrichtungen und achte darauf, deinen Platz in der Mitte des Kreises beizubehalten, damit das Pferd nicht im Zickzack geht. Zur Abwechslung kannst du den Kreis auch einmal verlassen und mit dem Pferd an der Longe gerade durch die Bahn spazieren, in der Ecke eine Volte einschalten, ja sogar Schlangenlinien üben und so weiter.

Einem Pferd, das während des Longierens den Kopf nach vorne-abwärts streckt, brauchst du keine Ausbindezügel anzulegen, im Gegensatz zu solchen, die steif und mit durchgedrücktem Rücken ausschreiten. Die Zügel ermuntern sie dazu, die Anspannung in Hals und Rücken zu lockern (mehr darüber im Abschnitt über die Hilfszügel).

Ja – und noch etwas scheint mir sehr wichtig zu sein: Bei jedem Handwechsel oder am Ende des Longierens läßt du das Pferd auf der Kreislinie stehen und gehst zu ihm hin. Ziehe also nicht etwa das Pferd an der Longe zu dir heran! Sonst kommt es beim nächsten Mal sicher mitten in der Arbeit auf die Idee, die Übung durch Hereinlaufen selbst zu beenden …

Cavalettis – ein Entspannungsmittel
Das Ziel jedes Reiters ist, auf einem psychisch ausgeglichenen, konditionell ausdauernden und ausbalancierten Pferd zu reiten. Trotz der Reiterlast auf dem Rücken sollte sich das Pferd im Gleichgewicht befinden, seine Muskeln sollten locker und kräftig sein. Sogenannte Cavalettis, Bodenricks, sind ausgezeichnete Hilfsmittel dazu. Pferde, die über Cavalettis gehen, erlangen eine große Trittsicherheit, weil sie ihre Bewegungen nach den Stangen richten müssen. Sie verschieben dabei dauernd ihren Schwerpunkt und lernen, sich schnell wieder auszubalancieren. Sämtliche für die Bewegung wichtigen Muskeln werden gekräftigt, da das Pferd

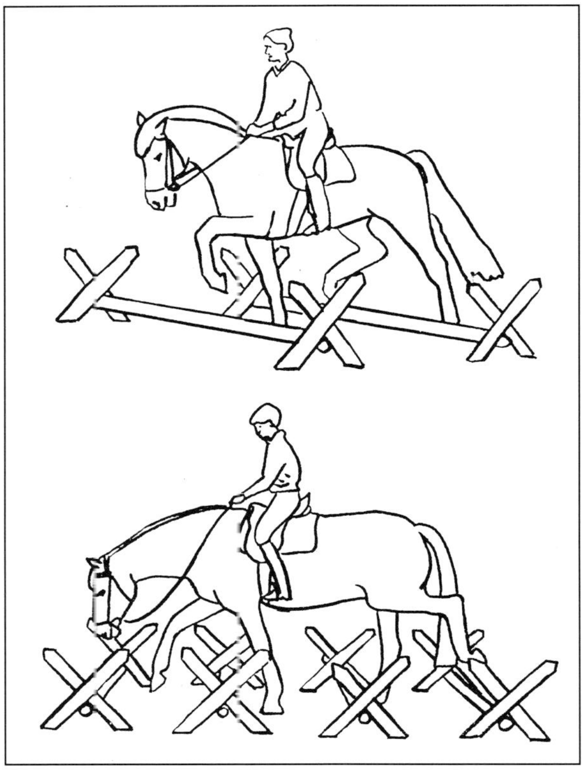

Cavalettis sind ein sehr gutes Mittel, um Pferde von Steifheit und Verkrampfungen zu befreien, und eine gute Übung für Reitanfänger.

über den Cavalettis höher als üblich abfußt. Das genaue Taxieren der Stangen verlangt die volle Aufmerksamkeit des Tieres und ein reges Mitmachen. Dem Reiter bietet diese Übung eine willkommene Abwechslung und hilft auch ihm, eventuell vorhandene Steifheiten und Verkrampfungen abzulegen; auch er muß sich nämlich konzentrieren, über den Cavalettis ausbalancieren und mit den Händen nachgeben – er «vergißt», sich anzuklammern, an den Zügeln zu ziehen oder steif auf dem Pferderücken zu sitzen.

Cavalettis sind dicke Holzstangen, die an beiden Enden auf niedrigen Ständern befestigt sind. Im Schritt und Trab sollten sie auf einer Höhe von 15 bis 20 cm liegen. Natürlich muß man darauf achten, daß der Boden nicht rutschig ist, sonst verkrampfen sich die Pferde. Eine sehr gute Übung ist das Freilaufen des Pferdes über Cavalettis. Nicht nur, weil das Pferd zuerst einmal ohne Reitergewicht sich kaum verspannt und lernt, daß es vor diesen Stangen am Boden keine Angst haben muß, sondern auch weil du seine Bewegungen dabei beobachten kannst. An einer Wand oder einem Zaun entlang wird zuerst ein Cavaletti hingelegt. Kegel oder Stangen zeigen dem Pferd den Weg. Geht es ohne zu zögern über diese Stange, kann man nach und nach drei weitere im Abstand von je 80 cm bis 1 m beifügen. Jetzt heißt es gut aufpassen – macht das Pferd Zwischentritte, sind die Cavalettis zu weit auseinander, macht es sich ganz steif und verhaspelt es sich in den Stangen, sind die Abstände zu kurz. Es braucht etwas Geduld, bis das Pferd von sich aus und willig über die Stangen tritt; deine Stimme und die lange Longierpeitsche kann es dabei ermuntern. Nach der Schrittphase auf beiden Seiten geht es weiter

im Trab. Dazu müssen die Stangen 1,3 bis 1,5 m voneinander entfernt sein. Um dem Pferd die Aufgabe verständlich zu machen, kann es ein Helfer im Trab zuerst heranführen und es kurz vor den Cavalettis loslassen. Da die Muskeln und Gelenke bei dieser Arbeit wirklich gefordert werden, reichen vorerst zehn Minuten. Als nächster Schritt folgt die Arbeit im Sattel mit dem gleichen Aufbau und der gleichen Abfolge wie beim Freilaufen. Man reitet die Cavalettis mit treibenden Hilfen an, hält die Hände tief und gibt über den Stangen völlige Zügelfreiheit. Deinen Oberkörper solltest du leicht nach vorne neigen und dein Gewicht durch Oberschenkel und Knie mehr auf die Seiten des Pferdes übertragen, so wird sein Rücken entlastet. Im Trab werden die Steigbügel etwas kürzer geschnallt; du kannst dich ruhig mit einer Hand an der Mähne festhalten, um nicht das Gleichgewicht zu verlieren. Fühlt man sich sicher genug, werden die Hände tief gehalten und über den Stangen in Richtung Pferdemaul geschoben. Je tiefer sich das Pferd vor- und abwärts dehnt, desto stärker wölbt es seinen Rücken und stärkt dort seine Muskeln. Versteift es sich, geht man wieder zurück auf ein Cavaletti und bittet einen Helfer zu beobachten, ob man auch richtig sitzt. Es braucht auch hier etwas Geduld, bis die Pferde ihren Rücken «loslassen», belohnt einen aber durch das herrliche Gefühl, auf einem Pferd zu sitzen, das sich frisch, munter und gelöst bewegt. Damit sich das aber nicht ins Gegenteil verkehrt, ist es ratsam, kurze Pausen einzulegen, die Schwierigkeiten der Aufgaben langsam zu steigern, nach 15 bis 20 Minuten aufzuhören und nicht mehr als einmal in der Woche zu üben. Versuch es doch mit deinem Pferd oder frage in der Reitstunde, ob eine Gruppe dies einmal probieren könnte.

H

Dressurreiten oder Übung macht den Meister

Der Begriff «Dressur» klingt nach Abrichtung, bezeichnet aber – richtig verstanden – einfach die Ausbildung eines Pferdes. Natürlich kann man sich einfach von einem freundlichen Pferd durch die Gegend tragen lassen, mit ihm die Natur erleben, eine richtige Kameradschaft pflegen, kurz: glückliche Stunden im Sattel verbringen. Mit Reit*kunst* hat das sehr wenig zu tun. Reitkunst in Vollendung zeigen Dressurreiter, die mit ihren Pferden Piaffen (trabähnliche Bewegungen auf der Stelle), Passagen oder Pirouetten vorführen. Bis ein Dressurpferd solch schwierige Übungen ausführen kann, hat es eine langjährige Ausbildung hinter sich. Du denkst vielleicht, Dressur sei nichts für dich, und du magst nicht stundenlang in der Bahn üben, sondern lieber vergnügte Ausritte auf deinem Pony erleben ... Doch möchtest du nicht auch ein gut ausgebildetes Pferd reiten, das sich nicht gegen seinen Reiter wehrt, sondern sich völlig in Einklang mit ihm bewegt, seinen Reiter weich und angenehm trägt, Leistungen vollbringt, zu denen es seine Natur befähigt, gesund bleibt und sich im seelischen Gleichgewicht befindet? Voraussetzungen für eine solche Harmonie zwischen Pferd und Reiter sind unter anderem der reine Gang des Pferdes, sein Gleichgewicht und seine Gelöstheit. Und das hängt auch stark von deinem Können ab.

Unter «reinem Gang» versteht man die Vorwärtsbewegung mit genügend weit vortretenden Hinterbeinen, die gleichmäßig abfußen und federn, mit einem schwingenden Pferderücken, einem getragenen Hals und einem gelösten Genick. Also kein verkrampfter Rücken, keine matten Hinterbeine, die über den Boden schlurfen, kein aufgeworfener harter Hals mit einem steifen Genick. Um das zu verhindern, brauchst du einen weichen Sitz. Nur aus einem solchen kommen ruhige Hände, sanft anliegende Schenkel und dosierte Hilfen, durch die das Pferd entspannt geht und dich weich und angenehm trägt. Wer sich an den Zügeln festhält, mit den Schenkeln klammert und sich beim Trab in den Sattel fallen läßt, darf sich nicht wundern, wenn sich das Pferd versteift und dadurch den Reiter immer höher wirft, wodurch sich

Meisterhaft: Christine Stückelberger und *Granat* beim Traversieren (linke Seite), in der Pirouette nach rechts (links) und in der Passage (rechts).

dieser noch fester anklammert usw. Ein sich ohne Reiter bewegendes Pferd befindet sich in der Regel im Gleichgewicht. Die Vorderbeine dienen hauptsächlich als Stütze, während die Hinterbeine den Körper vorwärtstragen. Durch das Gewicht des Reiters auf dem Pferderücken werden die Vorderbeine eines unausgebildeten Pferdes stärker belastet und können sich, ohne die entsprechenden Einwirkungen des Reiters, schneller abnutzen. Deshalb muß der Reiter versuchen, sein Pferd wieder ins Gleichgewicht zu bringen, das heißt die Hinterbeine dazu veranlassen, nicht nur die Last zu schieben, sondern auch einen Teil davon durch genügend weites Vortreten unter seinen Schwerpunkt zu tragen

Gelöstheit ist ein weiteres Merkmal für ein gut ausgebildetes Pferd, oder wie es ein erfahrener Reitlehrer umschreibt: «Alle Kräfte werden für die Arbeit und keine zum Widerstand verwendet.» Ein gelöstes Pferd befindet sich im körperlichen und seelischen Gleichgewicht. Seine Bewegungen sind harmonisch, seine Muskeln spielen, seine Ohren sind aufgerichtet, und es versteift und wehrt sich nicht gegen die Hilfen des Reiters. Vertrauen zwischen Pferd und Reiter ist unerläßlich, um die natürlichen Spannungen vor der Arbeit oder dem Ausritt abzubauen. Schon das Aufsteigen kann unnötige Verspannungen und Verkrampfungen auslösen. Laß dich also nicht einfach grob in den Sattel fallen! Das Pferd wird als Abwehr sogleich seine Muskulatur im Rücken verhärten, vielleicht sogar versuchen durchzugehen. Ein harter Ruck an den Zügeln bringt es wahrscheinlich wirklich zum Stehen, läßt es aber in Genick und Hals um so steifer werden. Und diese Reaktion verursacht dir nun wesentlich mehr Mühe, und du mußt nun mehr Zeit aufwenden, um es wieder zu entspannen.

Wenn dir die Reitstunden mit der Zeit langweilig erscheinen, so erkundige dich doch nach dem Sinn und Zweck der Übungen. Sie wurden nämlich alle entwickelt, um die Grundausbildung von Pferd und Reiter zu entwickeln und zu fördern. Und auch wenn sie dir noch so weit entfernt von den oben geschilderten kunstvollen Dressurfiguren erscheinen: Jedes Dressurpferd und jeder Dressurreiter hat einmal damit angefangen.

Christine Stückelberger und *Granat* beim Galoppwechsel von Sprung zu Sprung (links) und beim Galoppwechsel zu zwei Sprüngen (rechts). Zum Erfolg führt nur jahrelanges Training (rechte Seite).

Sättel nach Maß

Vor Jahren hatten wir das große Vergnügen, während zweier Wochen in Neumexiko einigen Cowboys beim herbstlichen *Round up* – Zusammentreiben des Viehs – zu helfen. Wir saßen dabei täglich ohne Unterbruch 12 bis 13 Stunden im Sattel. Du kannst dir sicher leicht vorstellen, daß wir da über die bequemen Sättel besonders froh waren, und ebenso dankbar waren auch die Pferde.

Von den vielen verschiedenen Sattelformen, die im Laufe der Jahrhunderte gebaut wurden, gibt es heute in der zivilisierten Welt nur noch zwei Haupttypen; diese werden allerdings in vielen verschiedenen Variationen hergestellt.

In Europa und international im Pferdesport verbreitet ist der *Englische Sattel*. Er entstand vor etwa vierhundert Jahren in England als Jagdsattel. Diese von Grund auf neue Konstruktion wies am Anfang noch eine etwa doppelt so große Auflagefläche auf als heute. Sie wurde später für verschiedene Sportarten modifiziert und ist als Spring-, Dressur-, und Vielseitigkeitssattel oder als winziger Rennsattel erhältlich. Für die Sportarten sind diese Satteltypen sicher auch besonders gut geeignet. Englische oder europäische Sättel haben außerdem den Vorteil, daß sie verhältnismäßig leicht und im Preis erschwinglich sind.

Die Nachteile: Die Auflagefläche ist ziemlich klein, und das Reitergewicht wird dadurch schlecht verteilt. Nicht selten verursachen solche Sättel Muskelschmerzen, die zu Verkrampfungen und verständlicherweise zu Widersetzlichkeit des Pferdes führen oder zu Druckstellen, an denen später weiße Haare wachsen. Achte einmal darauf, wie häufig solche weißen Satteldruckstellen in der Widerristgegend von Pferden einer gewöhnlichen Reitschule zu sehen sind – und wie selten man sie bei Westernpferden findet! Noch ein Nachteil: Wegen der eher flachen Bauweise ist es verhältnismäßig einfach, aus einem solchen Sattel zu fliegen; es ist in der europäischen Reitweise wirklich angebracht, mit einem Sicherheitshelm zu reiten!

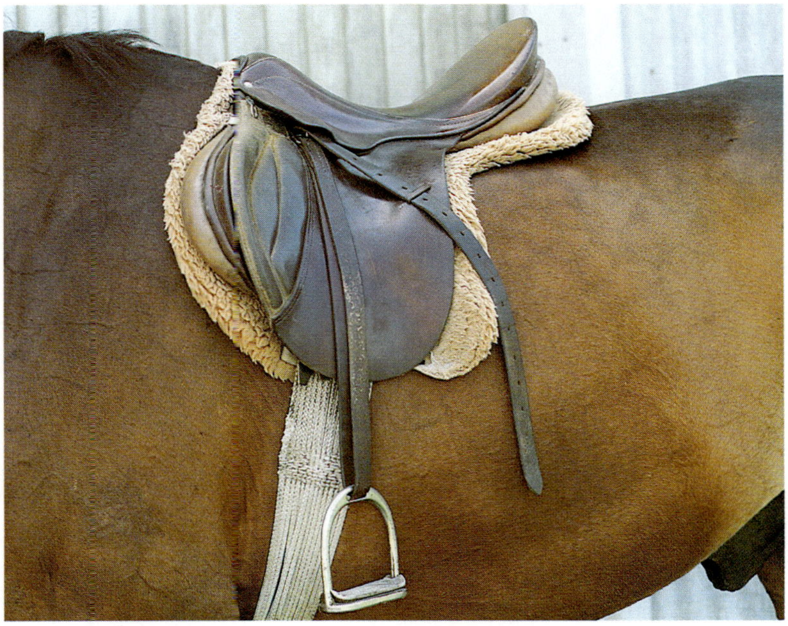

Der Englische Sattel, modifiziert als Spring-, Dressur-, Vielseitigkeits- oder Rennsattel, ist für die entsprechenden Sportarten besonders gut geeignet.

Der *Westernsattel*, der sich allgemein wachsender Beliebtheit erfreut, entstand in seiner heutigen Form vor etwa zweihundert Jahren in Kalifornien. Im Prinzip ist er ein für die Rinderhütearbeit abgeänderter spanischer Rittersattel – nach wie vor ein ziemliches Monstrum. Sein Gewicht ist auch entsprechend groß: Ein California-Sattel für Erwachsene wiegt 12 bis 15 kg, ein texanischer sogar 15 bis 20 kg. Es gibt heute aber auch ausgezeichnete Westernsättel, die keinen Holz-, sondern einen Polyesterbaum haben und dadurch einige Pfunde leichter sind. Außerdem werden natürlich für Ponys und für jugendliche Reiter kleinere und entsprechend weniger schwere Sättel angeboten. Dem Pferd jedenfalls macht das Mehrgewicht eines Westernsattels nicht viel aus, es bereitet höchstens dem Reiter beim Satteln gewisse Schwierigkeiten. Wesentlich am Westernsattel ist, daß er mit einer großen Fläche auf dem Pferderücken aufliegt und dadurch das Gewicht viel besser verteilt. Darum ist er für das Pferd bedeutend bequemer, und Satteldrücke sind weitgehend unbekannt. Aber natürlich muß auch ein Westernsattel individuell auf dem Pferderücken passen. Man muß ihn vor dem Kauf unbedingt dem Pferd auflegen. Westernpferde haben im allgemeinen einen tieferen Widerrist als etwa europäische Sportpferde. Darum ist vor allem darauf zu achten, daß der Sattel genügend Widerristfreiheit gibt, ganz besonders dann, wenn man damit ein europäisches Warmblut sattelt.

Ein guter Westernsattel ist auch für das Gesäß des Reiters bequem und zudem durch den tiefen Sitz bedeutend sicherer.

Es gibt verhältnismäßig billige Westernsättel: Massenanfertigungen, die in der Regel aus Mexiko kommen. Ihre Lebensdauer ist beschränkt. Ein guter «Western» war schon immer teuer. Vor hundert Jahren kostete er bis etwa zwanzigmal so viel wie ein ungerittenes Pferd oder wie das Jahresgehalt eines Cowboys – aber er hielt ein Leben lang.

Ein Westernsattel ist nicht grundsätzlich besser als ein «Englischer», aber er eignet sich für gewisse Dinge besser: so für das Reiten im Gelände, für die Westernreiterei sowie für Wander- und Distanzritte.

Der Westernsattel ist besonders bei Wander- und Distanzritten und natürlich auch beim sportlichen Westernreiten für Pferd und Reiter besser und bequemer.

Rechts: Ein in Frankreich entwickelter Wandersattel – der Reiter sitzt darin tief wie in einem Westernsattel.
Unten: Brasilianischer Gaucho. Über das merkwürdige Gebilde, das ihm als Sattel dient, legt er vor dem Aufsitzen ein Schaffell.
Unten rechts: Ein alter türkischer Offizierssattel.

Oben links: Ein Arabersattel mit reichverzierten, kostbaren Decken.
Oben rechts: Ein portugiesischer Sattel, wie er heute noch verwendet wird. Das in etwa war die ursprüngliche Form des Westernsattels.
Links: Ein anders geformter und geschmückter Arabersattel.

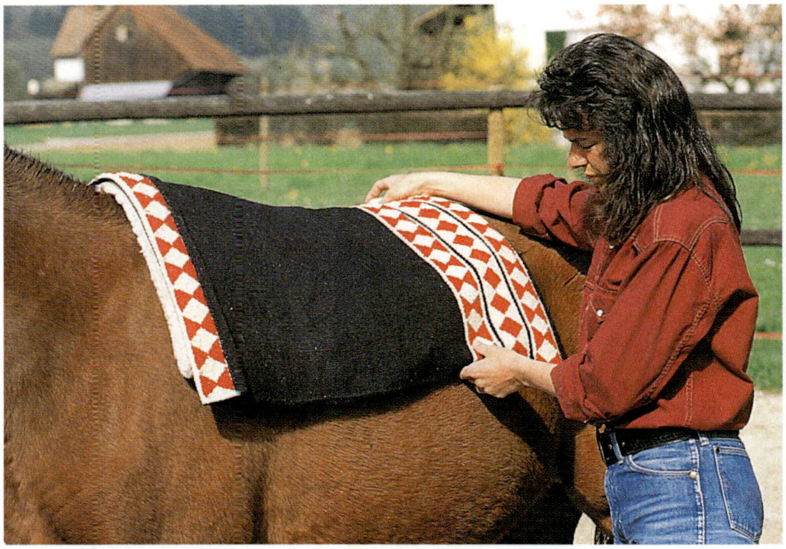

Ein paar Tips zum Thema Satteln:
Oben links: Beim Auflegen jedes Sattels muß man die Sattelunterlage vorn in der Sattelwölbung hochheben, damit eine gute Widerristfreiheit gewährleistet ist.
Mitte links: Die Gurte wird beim Satteln nur mäßig angezogen und erst nach kurzem Führen oder Reiten nachgezogen.
Unten links: Wenn sich die Sattelgurte eine Handbreit hinter dem Pferde-Ellbogen befindet, sitzt der Sattel am richtigen Ort.
Oben rechts: Die lange Westernsattelgurte verschlauft man zum Krawattenknoten.
Rechte Seite: So kann man fast jedes Pferd mühelos zäumen.

Hier einige Beispiele aus der großen Vielfalt von Zäumen.
Oben: Ein südamerikanischer Kandarenzaum, wie man ihn zum Reiten von Pasopferden verwendet.
Mitte: Ein peruanischer Kappzaum. Er wirkt durch Druck auf das Nasenbein und ist eine sanfte, besonders gut zur Ausbildung junger Pferde geeignete Zäumung.
Unten: Die echte amerikanische Hackmore, ebenfalls ohne Gebiß, ist eine ganz ausgezeichnete Zäumung zur Ausbildung im Westernstil.

Oben links: Eine einfache, in der Westernreiterei gebräuchliche Kandare – in falschen Händen eine scharfe Zäumung. Sie gehört nur ins Maul eines gut ausgebildeten Pferdes und in die Hände eines feinfühligen, guten Reiters. Richtig angewendet, kann man damit das Pferd mit feinsten Bewegungen reiten.

Oben rechts: Die in Europa allgemein übliche Trensenzäumung. Oft verwendet man eine im Prinzip gleiche Zäumung auch zur Ausbildung im Westernstil anstelle der Hackamore.

Links: Eine prachtvolle arabische Zäumung – für eine Schau besser geeignet als für das Wanderreiten.

AUF SIEGESKURS IN DER RENNBAHN

Der größte Verdiener unter den europäischen Rennpferden war der in Deutschland gezogene Vollblüter **Star Appeal**, der Galopper des Jahres 1975. Er galoppierte 1 527 836 DM zusammen. Der Traber **Bellino II** aus Frankreich gewann, ebenfalls in den siebziger Jahren, noch mehr: 1 960 945 Dollar. Der absolute Spitzenverdiener aber ist **Spectacular Bid**, der seinem Besitzer zwischen 1978 und 1980 2 781 608 Dollar einbrachte! Aus Ungarn kam 1876 **Kincsem**, eine völlig unscheinbare Lehmfuchsstute, die dann aber sehr schnell als das «ungarische Wunder» bekanntwurde. Wo immer sie auf einer Rennbahn erschien, zeigte sie allen andern Pferden die Hufe. **Kincsem** verbrachte zwischen 1876 und 1879 mehr Tage in rüttelnden Viehwagen als im eigenen Stall, lief insgesamt 54 Rennen und wurde nie geschlagen. Nur **Camarero**, der einem Herrn Vidal aus Puerto Rico gehörte, hat eine noch längere Siegesserie vorzuweisen: Er blieb von 1953 bis 1955 in 56 Rennen ungeschlagen. Danach wurde er noch in insgesamt 77 Rennen eingesetzt und dabei nur viermal besiegt!

Der älteste Pferdesport

Nina ist vom Rennsport völlig angefressen. Eigentlich habe ich gehofft, daß ihr sportlicher Ehrgeiz eher in Richtung Westernreiterei gehe, aber da ist nichts zu machen. Hartnäckig hat sie ihren Wunsch, an Ponyrennen mitzumachen, durchgesetzt. Und kürzlich hat sie eine Schnupperlehre in einem richtigen Rennstall absolviert – sie wird darüber berichten.

Übelnehmen kann ich ihr das nicht. Pferderennen gibt es mit Sicherheit, seit Menschen Pferde besitzen, und sie haben in all den Jahrtausenden nichts von ihrer Faszination eingebüßt. Sehr früh, wahrscheinlich schon vor den Griechen, prüften Menschen Schnelligkeit und Ausdauer in Rennen, um für die Zucht die besten Pferde auszuwählen. Heute noch gehören solche Rennen zu den wichtigsten Zuchtleistungsprüfungen. Und ganz zweifellos ist der Rennsport außergewöhnlich pferdegerecht. Was entspricht mehr dem Wesen und Temperament eines warmblütigen Pferdes, als mit Artgenossen um die Wette zu laufen? Das heißt nun allerdings nicht, daß im Rennsport alles so läuft, wie es sollte. Auch hier gibt es haarsträubende Sachen.

Vor allem aber besteht ein wesentlicher Unterschied zwischen *Galopp-* und *Trabrennen*. Bei letzterem werden die Pferde meistens vor den Sulky, den leichten Zweiradwagen, gespannt. Der wichtige Unterschied aber liegt in der Gangart. In Galopprennen laufen die Pferde in ihrer natürlichen Fluchtgangart. Trabrennen jedoch finden – wie der Name schon sagt – im Trab statt, in einer langsamen Gangart, die von wildlebenden Pferden fast nur im Übergang vom Galopp zum Schritt eingeschlagen wird und sicher nie, wenn es pressiert. Durch Zucht, spezielles Training und

verschiedene mechanische Hilfsmittel – spezielle Hufbeschläge, ein sehr kompliziertes Fahrgeschirr usw. – wird erreicht, daß Pferde im Trab ein Renntempo von bis zu fünfzig Stundenkilometern erreichen. Auch im größten Renneifer darf ein Pferd während des Rennens nicht mehrmals angaloppieren, nicht über mehr als dreißig Meter im Galopp bleiben, es darf dabei seinen Platz nicht verbessern und schließlich das Ziel nicht im Galopp passieren. Ganz klar, daß diese Art von Rennsport weder natürlicher noch besser ist als zum Beispiel der Springsport.

Oben: Für Trabrennen werden die Pferde fast immer vor den Sulky gespannt; nur selten gibt es gerittene Trabrennen. Ob sie pferdegerecht sind – darüber kann man streiten.
Rechts: Hürdenrennen. Die Hindernisse sind leicht und fallen bei einem Aufprall um.
Nächste Doppelseite: Cross Country. Da geht es durch Wassergräben, über Wälle und festgebaute, oft recht gefährliche Hindernisse.

JOCKEYS — FEDERGEWICHTE IM SATTEL

Der Engländer **Lester Piggot** dürfte der bekannteste Jockey der Welt sein; der 1931 in Texas geborene Amerikaner **Willie Shoemaker** («The Shoe») aber war der erfolgreichste. Von 1949 bis 1981 ritt er in 34 623 Rennen, gewann über 8000 davon und holte über 8 Mio Dollar an Preisgeldern. Der «große» Shoemaker mißt ganze 150 cm, und sein Gewicht beträgt um die 43 kg. Nur gerade etwas mehr als die Hälfte wog ein englischer Jockey namens **Kitchener**. Als er 1844 auf **Reed Deer** den Chester-Cup gewann, brachte er gerade 22,226 kg auf die Waage.

Schnupperlehre im Rennstall

Nina, mit ihren 14 Jahren und mindestens noch zwei Jahre Schülerin, hat kürzlich in ihren Sommerferien eine zweiwöchige Schnupperlehre in einem Rennstall hinter sich gebracht. Was sie dabei erlebt hat, soll sie gleich selbst berichten:

«Als ich mich im Rennstall in Dielsdorf beim Trainer Karl Klein vorstellte, traf ich ihn zu meinem Erstaunen beim Misten an, wo er wie alle andern schwitzte. Und das machte ihn mir gleich noch sympathischer. Er erklärte, daß der Job nicht nur reines Vergnügen sei, sondern eine harte Sechstagewoche mit sich bringe. Das bekam ich dann auch zu spüren, aber die Zeit im Rennstall machte mir deswegen kein bißchen weniger Spaß. Denn neben der Arbeit durfte ich auch täglich Rennpferde reiten, die ersten zwei Tage im Schritt und im Trab auf der kleinen Sandbahn, weil Herr Klein zuerst sehen wollte, wie ich das machte, danach aber auch auf der großen Trainingsbahn im Galopp. Und was es für ein Gefühl ist, mit einem Vollblüter zu galoppieren, das muß man ganz einfach selbst erlebt haben!

Und so sieht ein Tagesablauf im Rennstall aus:

5 Uhr 30: Normaler Arbeitsbeginn (ganz schön früh, aber daran gewöhnt man sich). Die Pferde werden angebunden und mit Hafer (1 kg, gequetscht) und Heu gefüttert; die Boxen müssen ausgemistet werden.

6 Uhr 30: Wir putzen und satteln die Pferde. Dann geht es zuerst auf die kleine Sandbahn gleich hinter dem Stall, wo wir die Tiere im Schritt und im Trab warmreiten. Anschließend wechselt die ganze Gruppe im Schritt hinüber zur Rennbahn auf die große Sandtrainingsbahn. Hier gibt der Trainer in

bezug auf jedes Pferd seine Anweisungen. Gewöhnlich galoppieren wir anderthalb Runden in zügigem Tempo. Während dreier Tage vor einem Rennen wird eine Runde im Renntempo galoppiert. Zurück in der kleinen Bahn gehen die Pferde nochmals zwei Runden im Schritt; schließlich satteln wir ab, spritzen die Beine der Tiere mit einem Wasserschlauch ab, und die Pferde erhalten ihr Heu.

7 Uhr 30: Die zweite Pferdegruppe kommt an die Reihe; sie absolviert das gleiche Programm wie bereits oben beschrieben.

8 Uhr 30: Alle begeben sich gemeinsam zum Frühstück in die Kantine (einer der französischen Lehrlinge ißt etwa sieben Stück Brot . . .).

9 Uhr 30: Die dritte Pferdegruppe beginnt ihr Training.

10 Uhr 45: Der Trainer und ein Reiter begeben sich noch mit den letzten zwei Pferden auf die Bahn, während die andern den Hof wischen, Pferdeäpfel in Boxen und Stallgang einsammeln, Futter bereitstellen, herumblödeln . . .

11 Uhr 30: Fütterung (5 kg Hafer).

12 Uhr 00: Lange Mittagspause.

16 Uhr 30: Nochmals werden die Pferde angebunden und die Boxen ausgemistet; die Renner werden erneut auf Hochglanz poliert und erhalten die dritte Portion Hafer (weitere 5 kg), danach noch Heu.

Etwa um 19 Uhr ist Feierabend – ein ganz schön langer Arbeitstag! Da ist man am Abend ziemlich fertig. Dennoch war die Schnupperlehre ein unvergeßliches Erlebnis. Und ein richtiger Jockey zu werden, das wär schon was . . .»

Nina beim Vollblütertraining auf der Rennbahn – Belohnung für das frühe Aufstehen.

Die Krone der Reiterei

Der *Vielseitigkeitssport* ist aus Leistungsprüfungen für Kavalleriepferde entstanden und heißt darum auch *Military*. Vielleicht hast du schon im Fernsehen Pferde in einer Military-Geländeprüfung gesehen. Das ist schon sehr eindrucksvoll. Noch sehr viel imposanter ist es, das alles neben einem schweren Hindernis *live* mitzuerleben – da sträuben sich dir die Haare, wenn du daran denkst, mit deinem eigenen Pferd diese massiven Zäune, Mauern, Wälle, Gräben, Tiefsprünge usw. bewältigen zu müssen. Auf einer großen Military-Querfeldeinstrecke stehen rund dreißig respektable bis sehr schwere Hindernisse. Sie erfordern von Reiter und Pferd großes Können, hohe Leistungsbereitschaft und beachtlichen Mut. Aber das ist nur gerade das Herzstück einer sogenannten Voll-Military.

So (oben) sieht der Karikaturist Caspar Frei Pferde über Hindernissen – und so (rechts) erleben Militaryreiter bisweilen den Wassergraben.

Die ganze Angelegenheit dauert drei Tage und beginnt mit einer Dressurprüfung. Hier soll sich vor allem herausstellen, ob das Pferd eine gute Grundausbildung aufweisen kann. Am zweiten Tag folgt der harte Brocken: die Geländeprüfung. Sie beginnt mit einer rund fünf Kilometer langen Wegstrecke, die in flottem Trabtempo (rund 15 Stundenkilometer) zu absolvieren ist. Gleich darauf folgt ein Rennbahngalopp über 3500 bis 4000 Meter, bestückt mit zwölf Hindernissen. Hier ist ein Tempo von über 41 Stundenkilometern gefordert. Jedes «normale» Pferd wäre nach dieser Leistung schon ziemlich fertig. Für das Military-Pferd aber ist das Ziel des Rennbahngalopps gleich auch schon der Start für die zweite Wegstrecke, diesmal über rund 14 Kilometer und wiederum in zügigem Trab oder ruhigem Galopp. Danach gibt es zehn Minuten Pause, in welcher der Tierarzt die körperliche Verfassung des Pferdes untersucht. Nur Tiere, die diesen Gesundheitstest bestehen, werden überhaupt noch zum Start auf dem letzten Wettkampfteil zugelassen, zur bereits erwähnten überaus anspruchsvollen Querfeldeinprüfung.

Damit ist zwar der zweite Tag überstanden, aber noch nicht die ganze Military. Am dritten Wettkampftag steht noch ein Springparcours an. Dieser ist zwar nicht außergewöhnlich schwer, aber er zeigt, wie gut die Pferde die riesigen Strapazen des vergangenen Tages verdaut haben.

Beim Vielseitigkeitsreiten werden die Grenzen der Leistungsfähigkeit erreicht – und manchmal auch überschritten. Es ist ganz klar, daß sich hier die Geister scheiden: Was für viele Tierschützer die reine Pferdeschinderei ist, bezeichnen andere Leute als die «Krone der Reiterei».

Nostalgie: Für Schaueinlagen werden an manchen Reitschulen Quadrillen nach altem militärischem Muster eingeübt oder berittene Musikkorps in historische Uniformen gesteckt.

Quadrillen

Etwas völlig anderes als eine Military ist eine Quadrille, ein Reitprogramm für Gruppen, obschon ebenfalls militärischen Ursprungs. König Philipp II. von Makedonien, der Vater von Alexander dem Großen (der Besitzer von *Bukephalos*, einem der berühmtesten Pferde der Geschichte), hat wohl als erster eine straff organisierte Kavallerie auf die Beine gestellt. Er ließ seine Soldaten in Reihen und Kolonnen aufstellen. Gemeinsam und möglichst präzise mußten sie in verschiedenen Gangarten geradeaus reiten, schwenken, im Kreis, aufeinander zu und durch die eigenen Reihen hindurch reiten.

All diese Übungen förderten die Manövrierfähigkeit der Truppe, das Gefühl des Reiters für Ordnung und Zusammenhalt und außerdem die Wendigkeit, Willigkeit und Gelassenheit der beteiligten Pferde.

Übungen solcher Art gehörten seit der Zeit der alten Griechen überall ins Ausbildungsprogramm der Kavallerie. In der Barockzeit wurde das sogenannte «Figurenreiten» zur prunkvollen Veranstaltung des Adels und nahm in jener Zeit einen eher zirkusartigen Charakter an.

Heute werden manchmal an Reitschulen Quadrillen als Schaueinlagen für besondere Anlässe eingeübt.

Im Pferdewagen durch die Jahrtausende

Das älteste Ausbildungshandbuch über das Fahren stammt aus der Zeit von 1350 vor Christus und wurde von einem Oberstallmeister namens Kikkuli geschrieben, der im Dienste des Hethiterkönigs Suppiluliumas stand. Das von ihm empfohlene Training für Wagenpferde sollte im Frühjahr beginnen und rund sieben Monate dauern. Um gleich zu Beginn die guten Pferde von den weniger geeigneten Tieren zu trennen, verlangte er in den ersten Trainingstagen lange Laufphasen im Paßgang. Wie alle Wagenpferde des Altertums gingen auch seine Zugtiere mit einem auf den Schultern liegenden Joch, verbunden mit einem Vorgespann um die Brust. Gute Gespanne sollten auf Lebzeit zusammenbleiben, da sich nach seiner Ansicht ein Pferd nur nach langem Training an einen neuen Partner gewöhnt.

Die Pferdewagen wurden damals im Krieg eingesetzt oder für die Jagd verwendet. Das Handwerk des Wagenbaus stand in hohem Ansehen, denn es war sehr viel Wissen und Erfahrung nötig, um ein solches Gefährt nicht nur möglichst leicht, sondern auch möglichst stabil zu bauen. Für die damaligen Fahrer, die gleichzeitig als Bogenschützen dienten, war es nicht einfach, in halsbrecherischer Fahrt auf einem häufig unkontrolliert springenden Wagen das Gleichgewicht zu bewahren, die Pferde zu lenken und auch noch den Gegner oder das Wild zu treffen ...

Mit der Zeit erkannten die alten Völker allerdings den Vorteil des Reitens gegenüber dem Fahren. Nicht nur auf dem Marsch in den Krieg, auch im Kampf selbst waren die reitenden Krieger dank größerer Beweglichkeit den Streitwagen überlegen. Aber noch immer fuhren hochgestellte Persönlichkei-

Gespannfahren kann man nicht nur mit Großpferden, Ponys sind dazu genauso geeignet. Auch einen Shetländer kann man so weit ausbilden, daß er an Fahrwettbewerben teilnehmen kann.

ten gerne im Wagen, um ihren Rang zu demonstrieren. So wurde nach dem Tode Alexanders dessen Leichnam von Makedonien nach Alexandrien gebracht. Der mit Gold und Edelsteinen verzierte Wagen wurde von nicht weniger als 64 Pferden gezogen!

Mit dem Verlust der militärischen Bedeutung entwickelte sich der Pferdewagen immer mehr zum allgemeinen Verkehrsmittel. Schon im römischen Reich arbeitete der staatliche Postdienst meist mit Zweiergespannen. An den Poststationen wurden die Tiere regelmäßig ausgewechselt. Auf schlechten Straßenabschnitten setzte man Kuriere auf Pferden ein. Für gewöhnliche Reisende standen Mietfahrzeuge zur Verfügung. Auf dem riesigen, gut ausgebauten Straßennetz, auf dem neben der königlichen Post oder den Mietfahrzeugen auch Edelleute mit ihren meist prunkvoll verzierten und ausgestatteten Kutschen reisten, muß damals ein regelrechtes Gedränge geherrscht haben.

Im frühen Mittelalter löste das Sielengeschirr den Jochgebrauch ab. Statt unter dem Joch zogen die Pferde ähnlich der heute noch gebrauchten Anspannung mit Brustblatt oder Kummet, von denen «Sielen» genannte Leinen zum Wagscheit führten; dieses war für

BAUERNRENNEN — EIN DERBES VERGNÜGEN

In ländlichen Gegenden vieler Länder finden Rennen auf einheimischen Bauernpferden statt, wie hier mit Freibergerpferden in der Schweiz. Weder Reiter noch Pferde sind besonders trainiert. Manche Rennen werden auch noch ohne Sattel geritten, und daher ist die ganze Geschichte durchaus nicht ungefährlich. Das Schöne daran ist aber, daß es in erster Linie um den Spaß an der Sache geht und die Rennen eher Volksfest- als Pferdesportcharakter haben.

Bauernwagenrennen mit vier nebeneinander eingespannten Freibergerpferden sind so spektakulär wie die Quadriga-Rennen im alten Rom. Da ist einiges Geschick, aber auch eine ganze Portion Verwegenheit gefragt.

jedes Pferd einzeln an der Stange vor der Deichsel befestigt. Einen Kutschbock gab es damals noch nicht: Der Kutscher ritt rechts hinten auf einem der Zugtiere und lenkte so die andern Pferde.

Im 15. Jahrhundert wurden auch die Wagen weiterentwickelt, vor allem solche für den Personentransport. Der Wagenkasten lag nicht mehr auf den Achsen, sondern wurde mit Ketten oder Lederbändern an Stützpfosten dazwischengehängt, was die Stöße milderte und das Reisen auf holprigen Wegen viel angenehmer machte.

Im 18. und 19. Jahrhundert entwickelte sich das Transportwesen auf Rädern in den Vereinigten Staaten und in Europa gewaltig. Vor allem die erste Hälfte des 19. Jahrhunderts war die hohe Zeit der Postkutschen. Diese mußten aber schon bald ihrem Hauptkonkurrenten, der Eisenbahn, weichen. In England erfolgte der Niedergang der Kutschen schneller als in den USA, weil es bei den gewaltigen Entfernungen länger dauerte, Eisenbahnlinien zu bauen, etwa jene von der Atlantik- zur Pazifikküste. Bis in unser Jahrhundert hinein wurden aber die Zubringerdienste — ob Personen oder Lasten — immer noch mit Hilfe von Pferdefuhrwerken bewerkstelligt.

Pferdefuhrwerke sind in der modernen Zeit eigentlich überflüssig geworden. Eine eigentliche Renaissance erlebt hingegen der Fahrsport. Das Fahren wurde vom Internationalen Pferdesportverband offiziell als Pferdesportdisziplin anerkannt und erfreut sich stets zunehmender Beliebtheit. 1971 wurde die erste Europameisterschaft im Viererzugfahren durchgeführt. Heute wird meist mit der vom Freiherrn von Achenbach um die Jahrhundertwende entwickelten Methode der Leinenführung und -haltung gefahren. Richtiges Fahren ist mindestens so schwierig zu lernen wie gutes Reiten.

Bei einer Fahrprüfung steht als erstes die Gespannkontrolle auf dem Programm. Nicht nur die Gepflegtheit des Wagens, der Geschirre und der Pferde wird benotet, sondern auch das Erscheinungsbild des Fahrers und seiner Mithelfer. Die erste Prüfung, die Dressur,

Gespannfahren im mexikanischen Alltag.

ist sehr anspruchsvoll. Das Gespann muß im Schritt und in den drei Trabarten «Versammelter Trab», «Starker Trab» und «Arbeitstrab» vorgestellt werden. Halten und unbewegliches Dastehen, Rückwärtsrichten und einfache Figuren wie Schlangenlinie, Volte und Doppelvolte zeigen den Richtern, ob der Gesamteindruck des Gespanns, die Reinheit der Gänge, der Schwung, der Gehorsam und die Fahrweise des Gespannführers Anlaß zu guten Noten geben oder nicht.

In der Geländeprüfung am zweiten Tag nimmt ein Richter neben dem Fahrer auf dem Kutschbock Platz. Auf ausgewählten Abschnitten ist jeweils eine bestimmte Fahrweise wie «Schritt», «Langsamer Trab» oder «Schneller Trab» vorgeschrieben. Es gibt Strafpunkte für zu schnelles wie auch für zu langsames Fahren. Die am Ende der Wegstrecken eingebauten Hindernisse müssen ohne Berührung durchfahren werden, wobei die Mitfahrer auf dem Wagen durch Gewichtsverlagerung den Wagen in engen Wendungen vor dem Kippen bewahren und dem Fahrer mit Zuruf melden dürfen, wenn die Hinterräder ein Hindernis passiert haben.

Als letzter Teil der Prüfung folgt am dritten Tag das Hindernisfahren. Bis zu zwanzig Hindernisse in frei wählbarem Tempo müssen dabei gemeistert werden. Ein Überschreiten der vorgegebenen Zeit sowie das Umwerfen der mit Kegeln oder Stangen markierten Tore hat Strafpunkte zur Folge. Bei dieser Disziplin müssen die Mitfahrer ruhig sitzenbleiben.

Gespannfahren erfordert in jedem Fall einiges Können, schließt aber Eleganz keinesfalls aus.

PFERDESTÄRKEN

Wie viele PS hat dieses Brauereigespann?
Sechs? Falsch.
Eine Pferdestärke ist eine weltweit gebräuchliche technische Leistungseinheit. Sie bedeutet die Kraft, die erforderlich ist, um ein Gewicht von 75 Kilo in einer Sekunde einen Meter hoch zu heben. Ein Pferd ist in Wirklichkeit 10- bis 13mal so stark.

Distanzreiten, Distanzrennen

Distanzreiten ist heute ein Leistungssport. Es kann auch harter Hochleistungssport sein und sogar zur Pferdeschinderei ausarten, wie bei fast allen Pferdesportarten. Aber seriös ausgeübt, ist Distanzreiten sicher eine der besten und auch pferdegerechtesten Leistungssportarten. Für Leute allerdings, die Publikumsapplaus brauchen oder Geld verdienen wollen, ist es ganz und gar uninteressant. Es spielt sich still und unauffällig ab und erfordert viel Idealismus, allein schon, weil es ein intensives Training voraussetzt – täglich und bei jedem Wetter. Aber wer einmal auf den Geschmack gekommen ist und erlebt hat, mit welcher Freude und welchem Einsatz sein Pferd die Aufgabe erfüllt, der kommt nicht so schnell wieder davon los.

Es gibt Prüfungen mit verschiedenen Schwierigkeitsgraden; daher kann im Prinzip jeder Reiter und jedes einigermaßen trainierte Pferd daran teilnehmen. Als Einsteiger kannst du es zuerst mit einer Ausdauerprüfung ohne Rangliste (DRF) probieren, bei der Tempo und Distanz frei sind. Die Minimaldistanz beträgt 30 km, die Maximaldistanz 160 km an einem Tag. Das Pferd wird vor dem Start von einem Tierarzt untersucht. Während des Rittes finden regelmäßig Veterinärkontrollen statt. Überforderte Pferde werden aus dem Wettkampf herausgenommen.

Der *DRZ* ist ein *Distanzritt auf Zeit.* Hier muß eine Geländestrecke von einer bestimmten Länge in einer genau

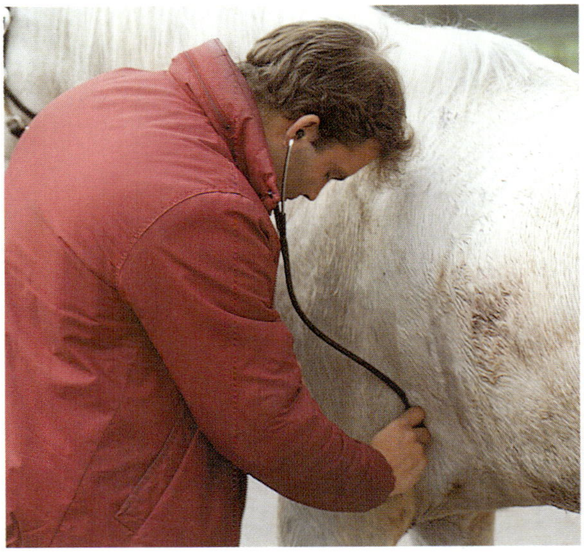

Regelmäßige Kontrollen durch Tierärzte sollen verhindern, daß Pferde auf Distanzstecken überfordert werden.

vorgegebenen Zeit geritten werden. Als Höchsttempo gilt Tempo 4, das bedeutet einen Viertelkilometer pro Minute oder 15 Stundenkilometer. Die Distanz liegt meistens zwischen 30 und 80 km. Für Zeitüberschreitungen gibt es Strafpunkte; bist du aber schneller, gewinnst du nichts dabei. Jeder schlaue Reiter versucht daher, möglichst kräfteschonend in der Zeit zu bleiben und so sein Pferd möglichst sicher durch die Veterinärkontrollen zu bringen. Die gibt es natürlich auch hier.

KLP heißt die *Kombinierte Leistungsprüfung*. Der Distanzritt hat die gleichen Regeln wie der Distanzritt auf Zeit, aber zur Prüfung gehört zusätzlich der Ritt durch einen Parcours, bei dem in erster Linie Gehorsam und Geschicklichkeit gefragt sind.

Beim Distanzrennen wird es ernst. Sieger ist hier der Schnellste – aber auch hier kann man nicht kopflos drauflosreiten. Die Pferde werden ebenfalls regelmäßig auf Konditionsschwäche, Lahmheit, Sattel- und Gurtendrücke usw. untersucht. Außerdem wird, wie in allen Disziplinen, der Umgang des Reiters mit dem Pferd beobachtet und bewertet. Die Mindestlänge eines Distanzrennens beträgt pro Tag 50 km, die Höchstdistanz 160 km. Nur topfit trainierte Pferde und erfahrene Reiter und Reiterinnen haben bei diesen Wettbewerben Chancen. Ein interessantes Detail in diesem Zusammenhang: Die schweren Rennen werden im Durchschnitt von etwa achtzig Prozent der teilnehmenden Frauen, aber nur von rund fünfzig Prozent der Männer durchgestanden.

In den meisten Ländern Europas gibt es heute Distanzreiter-Vereinigungen, welche Wettbewerbe organisieren. Falls dich diese Sportart interessiert, wirst du dort alles Nötige erfahren.

ACHAL-TEKKINER — GEHEIMTIP FÜR DISTANZRENNEN

Bei Distanzrennen in Europa und in den USA belegen in der Regel Araberpferde die vorderen Ränge. Es gibt aber eine Rasse, die auf lange Distanzen ein sehr ernstzunehmender Konkurrent des Arabers ist: der Achal-Tekkiner. Diese überaus edlen Pferde aus den weiten Steppen Turkmeniens und Kasachstans stehen im Typ etwa zwischen dem Arabischen und dem Englischen Vollblut. Seit Jahrhunderten wird ihre Zuchttauglichkeit bei Distanzrennen geprüft.

Hier ein paar erstaunliche Zahlen: Drei Achal-Tekkiner-Hengste legten die Strecke von Chiva in der Usbekischen Republik zum Kaspischen Meer über 1067 km in sieben Tagen zurück — wobei sie während zwei Tagen keinen Tropfen Wasser sahen! Im Jahre 1988 ritten turkmenische Reiter von ihrer Heimat 3200 km weit nach Moskau, und dies in nur sechzig Tagen!

Diese außergewöhnlichen Pferde sind durch die Kriegswirren der jüngsten Zeit in ihrem Ursprungsgebiet sehr stark gefährdet. In Westeuropa gibt es bisher nur wenige Züchter, die sich mit ein paar Dutzend Zuchttieren um die Erhaltung der Rasse bemühen.

Reitspiele

Sie sind so alt wie das Reiten, und bei manchen Reitervölkern konnten sie sich in ihrer ursprünglichen und meist ziemlich wilden Form bis heute halten: In den endlosen Steppen Zentralasiens, in Nordafrika, in den Viehzuchtgebieten Nord- und Südamerikas und in einigen weiteren Weltgegenden. In Europa sind sie durch den «modernen» Reitsport verdrängt worden, bis auf wenige volkstümliche Anlässe wie Bauernrennen in der Schweiz, Kufenstechen in Österreich, Ringstechen in Norddeutschland oder Gymkhanas in Großbritannien.

Diese und nächste Doppelseite: Gute Reitspiele machen Spaß und fördern Geschicklichkeit und Harmonie von Roß und Reiter.

Seit einigen Jahren aber ist ein erfreulicher Wandel zu bemerken. Immer mehr Pferdefreunde haben allmählich genug vom ewiggleichen Springsport und von den unerfreulichen Praktiken, mit denen manche Reiter diesen Sport betreiben. Man kann viele andere und meistens bedeutend sinnvollere Wettkämpfe veranstalten. Immer häufiger werden auch in unseren Breitengraden Reitspiele verschiedenster Art organisiert: Geschicklichkeitsparcours, Flaggen-, Tonnen- und Slalomrennen, Wanderreitturniere und Postenritte usw. Und dafür sind vor allem die Pferde und Ponys dankbar.

GARANTOL

POLO

Polo wurde in Persien schon vor über 2000 Jahren gespielt. Dieses Spiel kam mit englischen Husarenoffizieren, die es in Indien gelernt hatten, im 19. Jahrhundert nach England. Heute ist Polo hauptsächlich in England (Prinz Charles ist wohl der bekannteste Polospieler), in den USA und in Argentinien verbreitet. Es ist dies ein harter und schneller Spaß, der von Reitern und Ponys Reaktionsfähigkeit, Geschicklichkeit sowie Gleichgewichtsgefühl verlangt und Harmonie zwischen beiden voraussetzt. Polo ist leider auch ein teurer Sport, denn der Unterhalt der mindestens zwei, besser drei oder vier Pferde pro Spieler, deren Training und Ausbildung kosten viel Geld, und außer Spaß, Ruhm und Ehre gibt es nichts zu gewinnen.

Bei diesem Spiel versuchen zwei Mannschaften aus je vier Reitern, mit ihren Schlägern einen weißen Hartball aus gepreßtem Bambusholz ins 7,5 m breite Tor des Gegners zu schmettern. Zwischen den vier bis höchstens acht Spielabschnitten, sogenannten «Chukkers», müssen die Ponys ausgewechselt werden, denn das sehr schnelle Spiel auf der mindestens 250 × 150 m großen Rasenfläche fordert die Ponys bis an ihre Leistungsgrenze.

Aus Tradition werden die beteiligten Reittiere «Ponys» genannt, aber eigentlich handelt es sich um hoch im Blut stehende Warm- oder Vollblüter. Sie verfügen über die nötige Härte, Schnelligkeit und Ausdauer, die für diese Teamsportart unentbehrlich sind.

RODEO

Westernreiten als Turniersport

Über den Westernreitstil haben wir bereits ein paar Seiten weiter vorne berichtet. Dort hast du erfahren, daß

- beim *Englischreiten* das Pferd ständig an den «Hilfen steht», daß Schenkel und Kreuz dauernd auf das Pferd einwirken und die Verbindung zwischen Maul und Händen immer bestehen bleibt;
- das Pferd sich beim *Westernreiten* in natürlicher Selbsthaltung befindet, ohne ständig an den Hilfen zu stehen, daß Richtungs- und Tempoänderungen sowie Wechsel der Gangarten nur durch kurze Impulse durch Gewicht, Schenkel, Hand und Stimme vermittelt werden.

Dieser für die Cowboyarbeit wie für das Geländereiten hervorragend geeignete Reitstil erfordert genausoviel Können wie der europäische. Und beim Westernreiten gibt es genauso hoffnungslose Nieten, eine genauso mittelmäßige, aber strebsame Masse und einige genauso großartige Ausnahmeerscheinungen. Und auch hier verhält es sich sehr oft so wie in der europäischen Reiterei und im Leben überhaupt: daß den wirklichen Könnern der Erfolg nicht in den Kopf steigt und daß von den Überheblichen selten Großes zu erwarten ist.

Selbstverständlich wollen sich auch Westernreiter sportlich messen. Dafür gibt es nicht nur in Amerika, sondern auch in den meisten westeuropäischen Ländern Turniere mit verschiedenen Prüfungen und genau festgelegten Regeln. Sie werden für drei Klassen ausgeschrieben: für Jugendliche *(youth)*, für Amateure *(amateur)* und als Offene Klasse *(open)*.

Beim Barrel Racing (Tonnenrennen) werden drei im Dreieck aufgestellte Tonnen in einer kleeblattförmigen Bahn umritten.

Trail Horse
Der Trail ist ein Geschicklichkeitsparcours mit sechs verschiedenen Aufgaben, die das Pferd möglichst ruhig und gelassen bewältigen soll. Drei Aufgaben sind festgelegt: Das Öffnen, Durchreiten und Schließen eines Gatters, selbstverständlich vom Sattel aus, das Übertreten von vier am Boden liegenden Stangen und das Rückwärtstreten in einer vorgeschriebenen Linie. Drei weitere Aufgaben – keine Sprung-, sondern Geschicklichkeitshindernisse – werden vom Wettkampfrichter bestimmt.

Western Pleasure
Bei dieser Gangartenprüfung befinden sich alle Konkurrenten gleichzeitig im Viereck. Die Pferde müssen auf beide Seiten die Gangarten *Schritt, Jog* und *Lope* zeigen, wobei die Sauberkeit und Regelmäßigkeit der Gänge und der Gehorsam des Pferdes bewertet werden. Der Jog ist ein langsamer Trab, der Lope ein langsamer Galopp. Auch in diesen beiden Gangarten hat das Pferd locker und entspannt zu wirken. Das Entspanntsein wird nun allerdings in Amerika sosehr auf die Spitze getrieben, daß das Pferd schon fast die Nase zu Boden hängen läßt und einzuschlafen droht. Das ist ja nun auch wieder nicht der Sinn der Sache.

Reining
Jetzt geht es aber plötzlich sehr lebendig zu und her. Im Reining wird dir vor Augen geführt, was für ein Temperament in den sonst so gelassenen Westernpferden steckt. Bei dieser Galopprüfung werden Galoppwechsel, *Sliding Stops* (sofortiges Anhalten durch Rutschen auf den Hinterbeinen), *Spins* (schnelle Drehung, wobei die Hinterbeine praktisch an Ort bleiben), *Rollbacks* (schnelle halbe Drehung auf den Hinterbeinen, worauf sofort wieder angaloppiert wird) und schnelles Rückwärtstreten verlangt. Bewertet wird auch das möglichst präzise Reiten in klar unterschiedlichen Galoppgeschwindigkeiten auf den vorgeschriebenen Linien und Zirkeln.

Western Riding
Bei dieser Dressurprüfung auf vorgeschriebenen Linien und Zirkeln – die Gesamtheit dieser Figuren nennt man *Pattern* – werden das Öffnen und Schließen eines Gatters, das Übertreten einer

Beim Trail Riding ist vor allem Geschicklichkeit gefragt. Wer sein Pferd für diese Westerndisziplin trainiert, hat auch im Gelände ein geschicktes Reittier.

Stange und acht Galoppwechsel an bestimmten Stellen verlangt. Gefragt ist eine flüssige und exakte Vorführung.

Superhorse
Diese anspruchsvolle Prüfung ist eine Kombination aus *Trail, Pleasure, Reining* und *Western Riding*. Hier zeigt sich, was ein guter Allroundreiter ist. Der Wettbewerb wird nur für die Offene Klasse ausgeschrieben.

Showmanship at Halter
Hierbei wird das Pferd dem Richter an der Hand vorgeführt. Es soll sich willig führen und zur Beurteilung ruhig und korrekt hinstellen lassen. Bei dieser Prüfung für die Amateur- und Jugendklasse wird auch Wert gelegt auf die gepflegte und korrekte Erscheinung von Reiter und Pferd.

Halter
Bei dieser Prüfung geht es um die Beurteilung des Exterieurs der Pferde; sie hat vor allem für die Zucht von Quarter Horses Bedeutung. Bewertet werden der korrekte, rassentypische Körperbau und ein guter, harmonischer Bewegungsablauf.

Gesundheit – Krankheit

Wohl jeder gute Reiter und Pferdebesitzer möchte ein optimal leistungsfähiges Pferd. Deshalb sind regelmäßige Gesundheitskontrollen wichtig, um Krankheiten frühzeitig zu erkennen, aber auch um sicherzustellen, daß die Arbeit, die wir vom Pferd verlangen, seine Anpassungsfähigkeit nicht überschreitet. Wie du dabei vorgehst? Gewöhne dir an, das Verhalten deines Pferdes oder Ponys hin und wieder genauer zu beobachten. Dies ist der erste Schritt: Ist das Tier unüblich erregt oder plötzlich apathisch, frißt es kaum, achtet es nicht auf die Umgebung, hat es eine merkwürdige Haltung, steht es sägebockartig da, sind seine Gliedmaßen steif, steht es längere Zeit nicht auf oder legt es sich tagelang nicht hin? Auffälligkeiten oder Abweichungen im Verhalten sind immer ernst zu nehmen.

Dann betrachte sein Fell etwas genauer: Ist es anliegend, glatt und glänzend? Allerdings haben nicht alle Pferde von Natur aus ein seidenglattes Fell. Vor allem solche, die in einem Offenstall gehalten werden, können mit ihrem langen Deckhaar im Winter auch mal struppig aussehen.

Schwitzen ohne körperliche Anstrengung kann schon ein Krankheitszeichen sein. Haarausfall an bestimmten Stellen mußt du genauer untersuchen. Wenn sich das Tier auch noch gleichzeitig an allen möglichen Orten diese Stellen reibt, könnten Parasiten der Grund sein. Gesunde Haut ist elastisch. Das kannst du ganz leicht selbst prüfen: Nimm am Hals des Pferdes oder Ponys eine Hautfalte zwischen die Finger und hebe sie leicht an. Beim Loslassen sollte diese Falte schnell wieder verschwinden.

Wie bei uns Menschen gehen auch beim Pferd Erkrankungen häufig mit *Fieber* einher. Die normale Körpertemperatur eines Pferdes beträgt zwischen 37,5 und 38,4 Grad Celsius. Fieber wird rektal, also im After, gemessen. Wenn du keine Erfahrung damit hast, überläßt du dies besser dem Tierarzt. Die Farbe der *Bindehäute der Lider* sowie die *Nasen-* und *Mundschleimhäute* sollten blaßrosa aussehen. Zur Überprüfung der Bindehaut öffnet man sanft mit Daumen und Zeigefinger das Auge. Außer einer starken Rötung durch intensive Anstrengung ist jede Farbabweichung ein Krankheitsanzeichen.

Den *Puls* fühlst du am unteren Rand des Unterkiefers an der Einbuchtung vor den Ganaschen oder an der linken Brustwand hinter dem Ellbogenhöcker. Du solltest mindestens 28 und maximal 40 Schläge pro Minute feststellen. Bei fiebrigen Erkrankungen ist der Puls erhöht, natürlich auch bei starker Anstrengung. Gut trainierte Pferde erholen sich sehr rasch nach einer großen Leistung, und ihr Puls bewegt sich schnell wieder im normalen Rahmen. Zu hohe Pulswerte, trotz einer kurzen Pause, können während eines Distanzrittes oder einer Military-Veranstaltung vorsorglich zum Ausschluß führen.

Stellst du dich schräg hinter das Pferd, kannst du seine *Atmung* anhand der Bewegungen der seitlichen Brust-

Links: So schaut man die Augenbindehäute an. Der Fachmann kann Anzeichen für Krankheiten aus Farbabweichungen erkennen. Ein gesundes Pferd hat klare Augen.
Mitte: Getrübte Augen, verklebte oder entzündete Augenränder sind ernst zu nehmende Störungen. Das muß sich der Tierarzt anschauen.

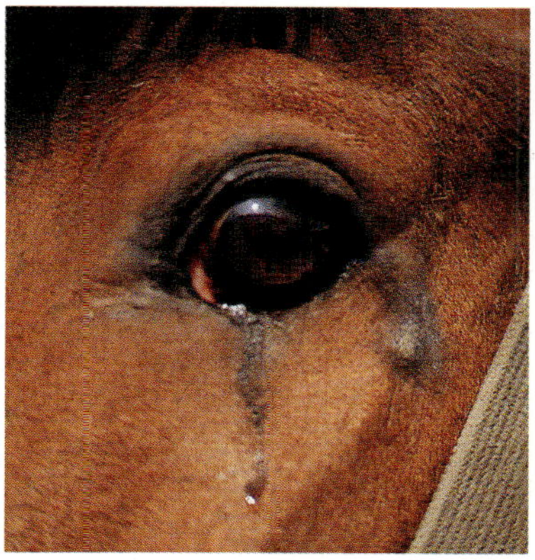

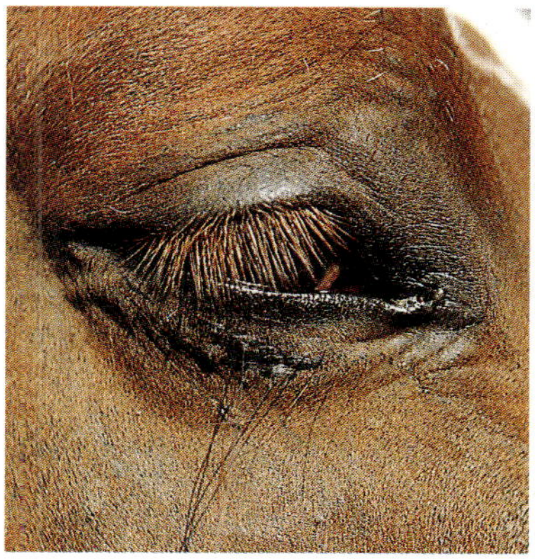

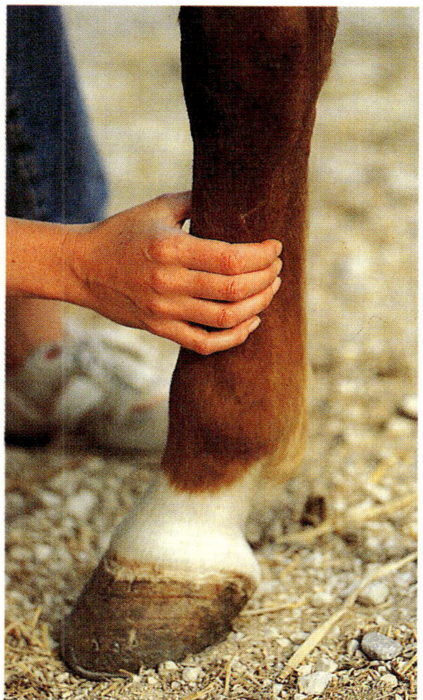

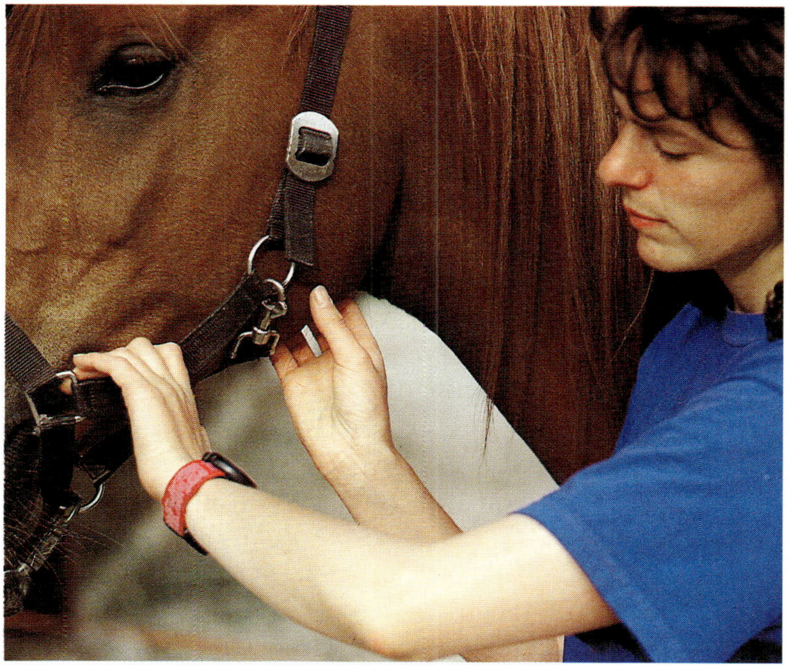

Den Puls kann man mit den Fingerspitzen unten an der Innenseite der Ganasche (links) oder am Bein seitlich an der Röhre (oben) fühlen.

wand kontrollieren. 10 bis 14 Atemzüge in der Minute sind normal. Husten und stoßweises Atmen oder Nasenausfluß deuten auf eine Erkrankung der Atmungsorgane hin.

Am wichtigsten für das Wohlbefinden des Pferdes ist sein *Freß-* und *Trinkverhalten,* die geregelte *Kotabgabe* sowie die Farbe und die Festigkeit des Kotes. Jede Störung – wie lustloses Fressen, gar nichts anrühren, über längere Zeit nicht koten oder harnen, Schmerzensäußerungen beim Wasserausscheiden usw. – solltest du als Alarmzeichen verstehen. Bevor du den Tierarzt rufst, solltest du zuerst immer überprüfen, ob mit dem Futter und dem Wasser alles in Ordnung ist.

Nun zu den eigentlichen Krankheiten. Die allgemeine Kenntnis der häufigsten Krankheitsbilder beim Pferd kann dir nützlich sein. So bist du in der Lage, Maßnahmen zur Vorbeugung zu treffen und bei den ersten Anzeichen nicht untätig zu bleiben oder gar in Panik zu geraten. Und sicher gilt: Lieber einmal zuviel als einmal zuwenig den Tierarzt rufen.

Wurmbefall Listet man die vielen Würmer auf, von denen Pferde befallen werden können, kann einem ganz schlecht werden: Faden-, Spul-, Lungen- und Bandwürmer, Magendasseln usw. Pferde haben allerdings gelernt, mit Würmern zu leben; völlig wurmfrei wird ein Pferd wohl selten sein. Mit einem kleinen Befall kann es sehr gut leben. Die intensive Haltungsform und der beschränkte Platz, den wir unseren Pferden zugestehen, erhöhen allerdings die Gefahr eines massiven Wurmbefalls, der für das Pferd lebensbedrohlich werden kann. Durch die Untersuchung von Kotproben stellt das Laborpersonal fest, welche Würmer das Pferd plagen. Die Behandlung erfolgt so gezielter und ist effizienter. Eine Wurmkur sollte immer im Frühling durchgeführt werden, bevor die Pferde auf die Weide kommen. Andernfalls kann die ganze Weide durch Würmer verseucht werden. Auch abwechslungsweises und abschnittweises Beweiden und Ruhenlassen der Wiesen hat sich bewährt. Pferde im Offenstall müssen häufiger entwurmt werden als solche in Boxen. Gegen Würmer vorbeugen kann man durch einen sauberen Stall, das häufige Wechseln der Einstreu, das Einsammeln des Mistes auf Koppeln und Weiden und durch Stapeln des Dunges: Die entstehende Hitze im Innern des Misthaufens tötet gewisse Wurmeier ab. Trotzdem sollten Pferdeweiden nicht mit Material aus dem Stall gedüngt werden.

Zecken, Fliegen und Bremsen Der Stich der Zecken ruft beim Pferd oft einen starken Juckreiz hervor. Zecken sind Blutsauger, die auch Krankheiten übertragen können. Nach Ausritten durch feuchte Wälder oder entlang von Hecken solltest du das Pferd nach Zecken absuchen und diese gegebenenfalls mit Alkohol lähmen und entfernen. Vergiß dabei dich selbst nicht – Zecken können sich auch an dir festsaugen. Fliegen sind lästige Plaggeister, die ein Pferd je nach Temperament zu mehr oder weniger starken Abwehrreaktionen veranlassen. Empfindlichen Pferden kann man einen Ohrenschutz, kombiniert mit einem am Stirnriemen befestigten «Fliegenwedel» aus Stoff- oder Lederstreifen, anlegen. Saubere Ställe, ein regelmäßiges Wegtragen des Kotes und dessen ordentliches Aufschichten schaffen ebenfalls Abhilfe. Die Wärme im Innern des Miststockes vernichtet die Fliegenbrut. Gegen Bremsen und andere Insekten findest du im

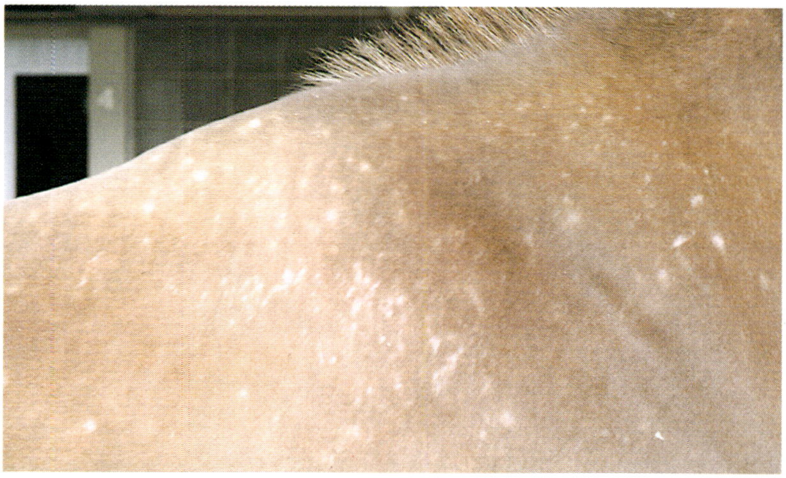

Pferde können an verschiedensten Körperstellen von Ekzemen oder Hautpilzen befallen werden. An den Beinhaaren setzen Fliegen ihre klebrigen Eier ab, die sich zu gefährlichen Darmparasiten entwickeln, wenn das betroffene Pferd sie mit dem Maul abreibt. Die Behandlung erfolgt nach den Anordnungen des Tierarztes – je früher, desto besser.

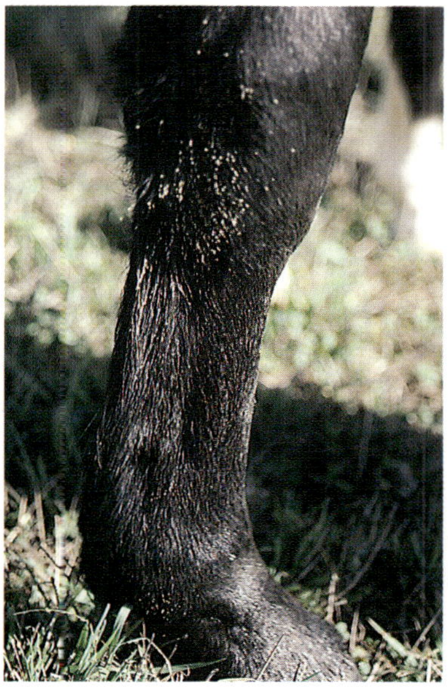

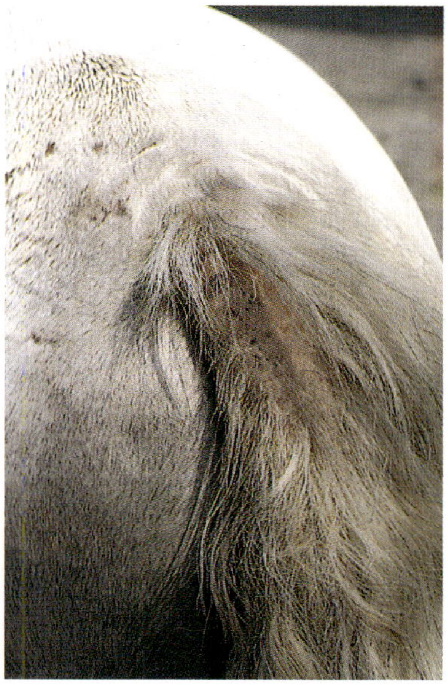

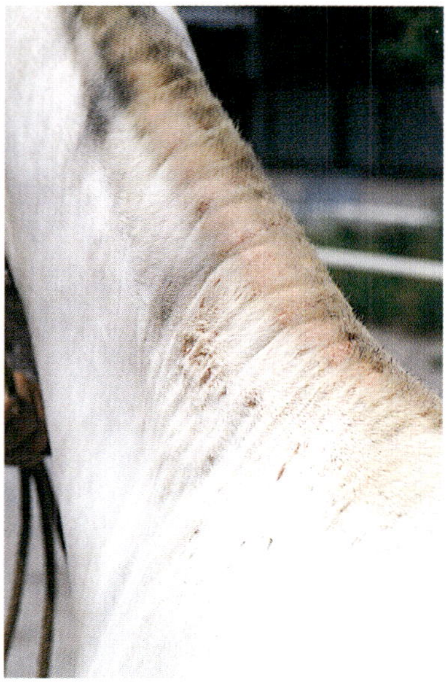

Handel eine Vielzahl von Mitteln. Leider wirken sie meist nur eine begrenzte Zeit, riechen unangenehm und können die Haut reizen.

Ekzeme oder Hautpilze Ekzeme sind Entzündungen der äußeren Hautschicht. An befallenen Stellen wird das Haar matt und rauh oder fällt aus. Knötchen, Schuppen oder Krusten kannst du auf der Haut sehen. Am häufigsten treten sie in der Sattellage auf, da der Schweiß an dieser Stelle nicht ausreichend verdunsten kann. Ekzeme am Schweif, in Verbindung mit Drang zum Reiben, sind Anzeichen eines Wurmbefalls. «Mauke» nennt man Ekzeme an den Fesseln, die eine gerötete Haut verursachen. Die dabei abgesonderte Wundflüssigkeit bildet zusammen mit dem Schmutz schmierige Beläge oder Krusten. Reinigung mit einem trockenen, sauberen Tuch und anschließendes Auftragen einer milden Wundsalbe schaffen Abhilfe. Auf keinen Fall solltest du die Haare dort abrasieren; die spitzen Haarreste bohren sich sonst bei jeder Bewegung in die empfindliche Haut.

Über kleine Wunden können Pilze in die Hautoberfläche eindringen. Pilzbefall erkennt man an kleinen, runden

DIE STALLAPOTHEKE

Angenommen, dein Pferd oder Pony hat sich an einem Gegenstand gestoßen und eine leichte Hautschürfung davongetragen. Wo ist jetzt bloß diese famose Wundsalbe, die dir der Tierarzt beim letzten Mal mitgegeben hat? Halt, aber zuerst desinfizieren, kruzifix nochmal, das Desinfektionsmittel muß doch irgendwo im Stall liegen! Wie leicht findest du irgendwo doch noch ein Fläschchen, aber leider fehlt die Gebrauchsanweisung. Ist das vielleicht sogar das Mittel gegen die Augenentzündung vom letzten Frühjahr? Und ganz verstaubt ist dieses Fläschchen auch noch. Wie alt es wohl sein mag?

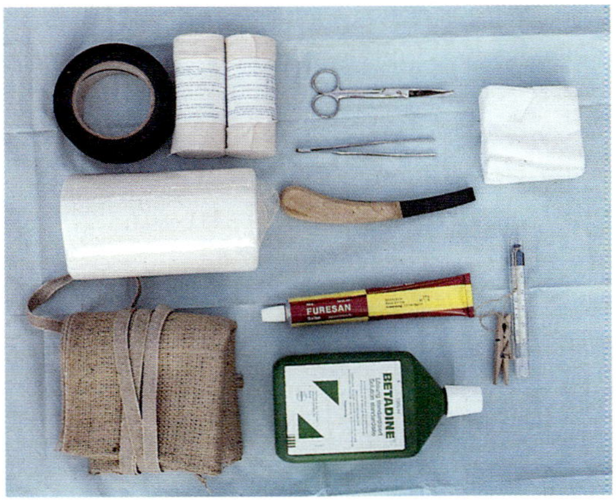

Jetzt nimm dir aber vor, endlich Ordnung zu schaffen, alle auffindbaren Medikamente auf ihr Verfalldatum hin zu kontrollieren und alte, nicht mehr identifizierbare, zu entsorgen! Die noch brauchbaren kommen in der Originalpackung in einen speziellen Kasten, in dem auch gut sichtbar die Telefonnummern des Tierarztes und seines Stellvertreters vermerkt sind.

Sehr hilfreich ist auch das Anschlagen eines Impf- und Entwurmungsplanes. In Notfällen kann der Tierarzt mit einem Blick feststellen, wann das Tier zuletzt geimpft und entwurmt worden ist. Pferde sollten regelmäßig gegen den ansteckenden Virushusten, gegen Starrkrampf und je nach Gegend auch gegen Tollwut geimpft werden. Dank der Liste entstehen auch keine Lücken bei den Wurmkuren, die im Februar, April, Oktober und Dezember vorgenommen werden sollten. Kommt der Tierarzt zum Impfen, kann man ihn bitten, sich auch gleich noch die Zähne des Tieres anzuschauen. Wegen einseitiger Kaubewegungen können sich an den Backenzähnen Haken bilden, die das Kauen erschweren oder sogar zu blutigen Verletzungen der Backenschleimhaut führen.

In der Stallapotheke haben sich folgende Mittel bewährt: eine **Jodtinktur** zur Desinfektion der Wundumgebung, ein **Mittel zum Reinigen kleinerer, oberflächlicher Wunden**, eine **Wundheilsalbe**, zum Beispiel mit Lebertran und Zink, **Mullbinden, elastische Binden**, Watte in Rollenform und **Heftpflaster** als Verbandsmaterial, spezielle **blutstillende Watte**, eine **durchblutungsfördernde und wärmende Salbe** mit Kampferbestandteilen, eine kühlende Salbe gegen Druckschäden durch Sattel oder Gurt und für Gliedmaßenpackungen bei Sehnenüberanstrengungen, ein **Wurmmittel** und **Lorbeeröl** zum Einmassieren des Kronraums sowie eine **saubere Schere**. Bitte den Tierarzt: Er hilft dir sicher gerne beim Einrichten einer einfachen Stallapotheke.

oder ovalen Stellen, auf denen nur noch abgebrochene Haare sichtbar sind. Wegen der Hautreizung treten sie am häufigsten in der Gurt- und Sattellage auf. Pilze sind ansteckend. Vermeide deshalb den Kontakt mit infizierten Pferden, halte Putzzeug, Tränkeimer oder anderes Stallgerät sauber und verwende es nur für je ein bestimmtes Pferd. Eine ausreichende und ausgewogene Ernährung ist der beste Schutz für das Pferd. Vitamin- und Mineralstoffmangel, zu einseitiges eiweißreiches Futter oder Verfettung fördern solche Erkrankungen. Regelmäßige Wurmkuren sind bei wiederkehrendem Befall ebenfalls angebracht. Die Behandlung mit speziellen Lösungen überläßt du aber dem Tierarzt.

Wunden Hautabschürfungen, kleine Schnittwunden oder nur oberflächliche Wunden kannst du selbst behandeln (siehe Kästchen «Die Stallapotheke»). Stark blutende und offene Wunden müssen dagegen sofort vom Tierarzt behandelt werden. Bis zu dessen Eintreffen deckst du die Wunde zum Blutstillen mit einem sauberen Tuch und legst einen Druckverband an. Diesen Verband solltest du nicht wechseln, da die zerfallenden Blutzellen die Blutgerinnung, also das Stoppen der Blutung, fördern. Suche auch regelmäßig Stall und Weiden nach herumliegenden Plastik- oder Eisenteilen, nach Nägeln oder Draht ab.

Druckstellen und Quetschungen Schwellungen, Rötungen und starke Schmerzempfindlichkeit können durch schlecht sitzendes Sattel- und Geschirrzeug hervorgerufen werden. Erste Maßnahme: einen gut sitzenden Sattel mit ausreichender Auflagefläche, keine gebrochenen Sattelbäume verwenden, hingegen Satteldecken, die den Schweiß gut aufsaugen, und nur mit sauberem Zaum reiten, an dem keine Haken oder Eisenteile vorstehen. Beim Satteln ist die Decke so aufzulegen, daß sich keine Falten bilden. Unter dem Sattel darf die

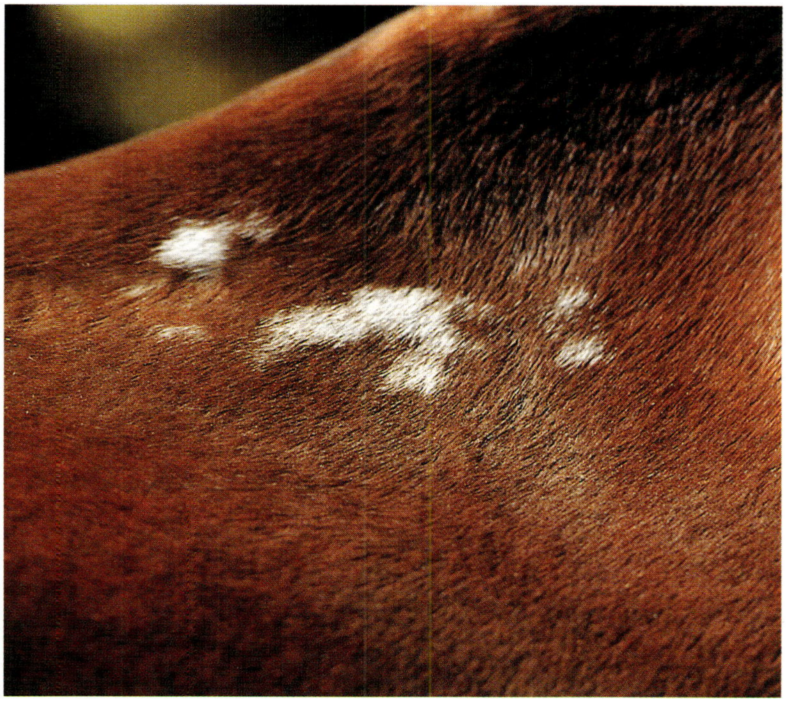

Durch schlecht sitzendes Geschirr- und Sattelzeug können Druckstellen entstehen. Besonders häufig sind Satteldruckstellen, die man später an den weißen Haarstellen erkennt und die hauptsächlich durch Englische Sättel mit kleiner Auflagefläche verursacht werden.

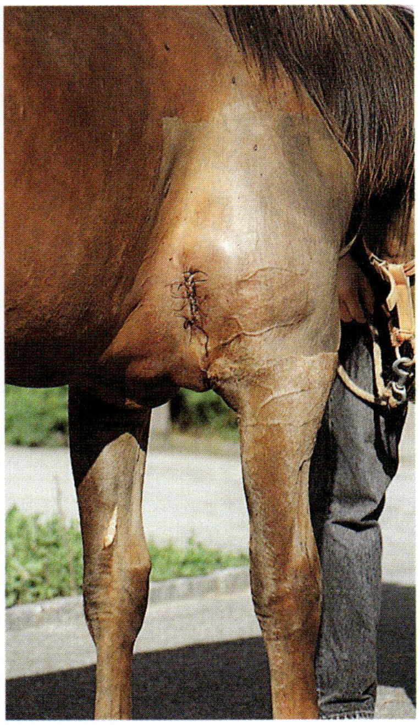

Linkes Bild: Die Stellung des linken Ohres deutet auf eine Ohrengeschwulst hin, die zur Lähmung einer Gesichtshälfte geführt hat.
Rechtes Bild: Eine Narbe, die durch die Operation eines Drusenabszesses entstanden ist.
Rechte Seite: Pferde sind oft kostbare Tiere. Aus diesem Grunde lohnen sich auch kostspielige Behandlungen, und daher ist die Pferdemedizin heute auf einem hohen Standard.

Satteldecke nicht auf den Widerrist drücken. Besser ziehst du den Sattelgurt erst lose an, gurtest nach einigen Schritten nach und sitzt erst dann auf. Kontrolliere den Rücken und die Gurtenlage nach dem Absatteln. Bei schmerzhaften Schwellungen solltest du sofort reagieren und den Tierarzt kommen lassen.

Krankheiten der Atmungsorgane Entzündungen der Nasenschleimhaut können nach Einatmen von Gasen, Dämpfen oder Staub auftreten. Weit häufiger verursachen jedoch Bakterien oder Viren solche Erkrankungen. Bei einer einfachen Entzündung kommt aus der Nase wäßriger bis schleimiger Ausfluß, und die Pferde niesen und prusten. Ein einfacher Schnupfen heilt in der Regel von selbst wieder. Anders verhält es sich, wenn der Nasenausfluß gelblich-schleimig ist, Fieber besteht und die Tiere allgemein einen geschwächten Eindruck hinterlassen. Wird eine solche Erkrankung vom Tierarzt nicht sofort behandelt, können die Erreger die Stirnhöhle, die Luftröhre und sogar die Lunge befallen. Warme und muffige Ställe, staubiges Heu und übertriebenes Wischen des Stallganges begünstigen das Ausbrechen solcher Krankheiten.

Krankheiten des Verdauungstraktes
Jeder Pferdehalter fürchtet die sogenannten «Koliken». Dieser Begriff bezeichnet nicht eine eigentliche Krankheit, sondern nur die Symptome, nämlich Bauchschmerzen. Koliken begleiten viele Magen- und Darmkrankheiten, wie Verstopfungen und Blähungen usw.; sie treten jedoch auch auf bei Erkrankungen der Harn- und Geschlechtsorgane oder bei Infektionen. Pferde mit einer schwachen Kolik scharren am Boden, legen sich wiederholt zu ungewohnten Zeiten hin, erheben sich wieder und beugen ihren Kopf zum Bauch hin. Bei starken Schmerzanfällen werfen sich die Pferde regelrecht auf den Boden, wälzen sich und schwitzen dabei stark. Bis zum Eintreffen des Tierarztes sollte das Pferd im Schritt geführt werden. Plötzliche Unterküh-

lung, zum Beispiel durch Trinken von eiskaltem Wasser, Wetterwechsel, Futterumstellung und verdorbene Futtermittel können Koliken auslösen. Pferde, die artgerecht gehalten werden, genug bewegt und regelmäßig entwurmt werden, gutes Futter kriegen und denen man ausreichend Zeit für dessen Aufnahme und Verdauung zugesteht, haben selten Bauchschmerzen.

Die «Feiertagskrankheit» Kreuzverschlag

Da kommst du nach einigen Ferientagen in den Stall, sattelst dein Pferd und freust dich auf einen längeren Ausritt. Aber dein Liebling will heute nicht so recht vorwärtsgehen, beginnt zu schwitzen und zu zittern. Die hinteren Gliedmassen sind irgendwie ganz steif. Du spürst, daß es in den Gelenken der Hinterbeine sogar einknickt. Was ist passiert? Während deiner Abwesenheit hat niemand das Pferd bewegt oder auf die Koppel gelassen, und es hat natürlich wie immer die gleiche Menge an Futter gekriegt. Deshalb konnte sich in den Kruppen-, Lenden- und Oberschenkelmuskeln ein energiereiches Kohlehydrat, das Glykogen, anreichern. Bei der plötzlichen Arbeit wird dieses Glykogen zu schnell abgebaut, es entsteht überschüssige Milchsäure, die einen Teil der Muskelfasern zerstört. Das Pferd muß sofort in den Stall zurückgebracht werden, und seine verhärteten Muskeln sollten bis zum Eintreffen des Tierarztes mit wärmeerzeugenden Mitteln eingerieben und zugedeckt werden. Findet sich niemand, der dein Pferd während deiner Abwesenheit bewegt oder es auf

die Weide läßt, solltest du wenigstens darauf achten, daß es während dieser Zeit weniger energiereiches Futter erhält. So ist beim nächsten Mal die Freude über das Wiedersehen ungetrübt.

Hufrehe Diese Krankheit tritt leider häufig bei Ponys auf, und in fast allen Fällen sind Fütterungs- und Haltungsfehler die Ursache. Steht dein Pony plötzlich mit steilem Fessel-, Kron- und Hufbein da und bewegt es sich «wie in Pantoffeln», tritt es also zuerst mit dem hinteren Teil des Hufes auf, ist seine Hufwand wärmer als sonst und zuckt es schmerzhaft zurück, wenn du darauf drückst oder klopfst, könnte es an Hufrehe erkrankt sein.

Wie entsteht sie? Viele Halter lassen die Ponys im Frühling plötzlich auf die Weide, ohne die Tiere erst langsam an das eiweißreiche Futter zu gewöhnen. Sie denken nicht an die sprichwörtliche Klugheit dieser Tiere und schließen das Kraftfutter so weg, daß ganz schlaue sich einfach bedienen können. In den Ferien, wenn sie so richtig Zeit und Lust auf lange Ausritte haben, geben sie plötzlich große Mengen an Kraftfutter, damit das Tier auch richtig «mag». Sie schlagen Abkürzungen auf asphaltierten Straßen ein und haben es dann trotzdem so eilig, daß sie auf der ganzen Strecke traben. Und sie sparen sich das Feriengeld für die Disco auf, statt den Hufschmied zum Beschlagen kommen zu lassen ... Die Hufrehe ist, wie der Name ja schon sagt, eine Huferkrankung, die chronisch und ganz gefährlich werden kann. Ein Zuviel an Histamin, einem Eiweißabbaustoff, der unter anderem im frischen Körner- oder auch Grasfutter vorkommt, erhöht die Durchlässigkeit der Gefäße in der Huflederhaut und führt dort zu kleinen Blutungen. Die Verbindung zwischen den Lederhautblättchen und der Hornwand geht verloren, und damit lockert sich die Befestigung des Hufbeins in der Hornkapsel. Die Hufbeinspitze senkt sich und drückt auf die Hornsohle. Eine äußerst schmerzhafte Lederhautquellung kommt dazu. Dies ist ein komplizierter Mechanismus, der aber schon nach drei Tagen ein Absenken des Hufbeins verursachen kann. Schnelle Hilfe tut not! Je früher eine Behandlung erfolgt, desto größer sind die Chancen. Hufrehe ist bei Ponys eine häufige und tragische Todesursache.

Hufe müssen regelmäßig gepflegt, beschnitten und meistens auch beschlagen werden. Auch Eselhufe brauchen Pflege. Dem Besitzer dieses bedauernswerten Esels (rechts) müßte man das Tier eigentlich sofort wegnehmen.

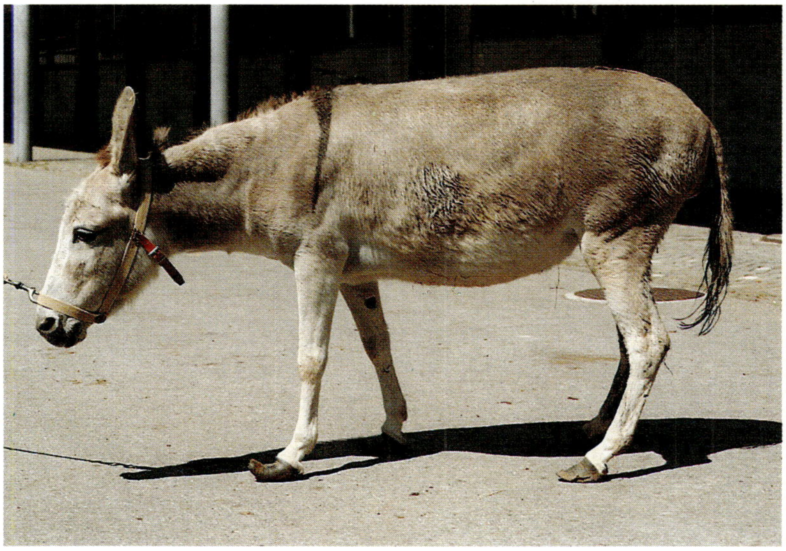

Therapie für Pferde

Streß und Angst, sowohl bei den Pferden wie auch beim Reiter, Ungehorsam, Untugenden und Fehlreaktionen kann man in Reitschulen, privaten Betrieben oder auf Turnierplätzen häufig beobachten. «Blöder Bock», «fauler Gaul» oder «launische Zicke» sind nur einige der Namen, die die Besitzer und Reiter ihren Pferden dort geben. Als Mittel dagegen werden größere Härte, noch schärfere Hilfsmittel empfohlen, verbunden mit der Mentalität, den Tieren «den Meister zu zeigen», meist mit dem Resultat, daß das Reiten mit solchen Pferden noch unbefriedigender und problematischer wird.

Zum Glück interessierte sich eine Amerikanerin, Linda Tellington-Jones, für die wirklichen Ursachen solchen Verhaltens und entwickelte mit ihrer Partnerin Ursula Bruns zusammen eine eigentliche Therapie für sogenannte «schwierige» Pferde. Die gezielte Arbeit mit Problemtieren brachte überraschende Erkenntnisse zutage: Es fehlt den meisten Pferden primär an Erziehung und den Reitern oder Besitzern an Wissen, wie sie dem Pferd ihre Wünsche und Absichten klarmachen können. Außerdem erkannten die beiden, daß viele Ungezogenheiten und Widersetzlichkeiten auf körperlichen Mängeln gründen, auf Erkrankungen des Knochen-, Muskel- und Sehnenapparates, die zu Schmerzen und Vespannungen führen. Ihre Hilfsmittel, die sie zur Therapie verwenden, sind denkbar einfach: eine gute Beobachtungsgabe, die eigenen Hände, Gerte, Halfter, Führzügel und Bodenhindernisse. Voraussetzung für eine erfolgreiche Erziehung sind allerdings viel Zeit und Bereitschaft, geduldig nach besseren Verständigungsmöglichkeiten zu suchen.

Als ersten Schritt schlagen die Pferdetherapeutinnen vor, sich das Problemtier genau anzusehen, seinen Körperbau zu studieren und mit sanftem Druck der Finger alle seine Körperpartien abzutasten. Viele Pferde reagieren auf den Druck der Finger an gewissen Stellen mit Schnappen, Ausweichen, Einknicken oder Anspannen der betreffenden Muskeln. Mit ihrer Körpersprache zeigen sie, wo es ihnen wehtut, wo etwas nicht stimmt. Vielleicht ist es eine Schwellung im Sattelbereich, eine kleine Wunde im Fell oder eine verhärtete Muskelpartie.

Unarten wie Bocken, Durchgehen, mit dem Kopf schlagen oder Nervosität sind oft ein Ausdruck von Schmerzen an bestimmten Körperstellen. Diese zu finden gelingt auch dem Laien, und mit dem Bewußtsein, in welchen Situatio-

Gleich zwei Personen üben sich hier beim «Tellington touch», der besonderen Art, den Körper eines Pferdes bewußt abzutasten.

nen solche Untugenden auftreten, kann man darangehen, die Ursachen zu beseitigen. Ist es ein Sattel mit zu kleiner Auflagefläche, ein zu kurz geschnalltes Martingal oder ein falscher Zaum, die das Pferd veranlassen, seinen Hals und Kopf vor Schmerz hoch zu tragen, wodurch es sich der Zügeleinwirkung entzieht oder zum Beispiel die Bewegung der Hinterhand blockiert? Das Ausprobieren eines andern Sattel- oder Zaumtyps kann schon erste positive Resultate erbringen.

Man kann die Therapie aber auch ausdehnen und das Pferd von Grund auf neu erziehen. Dies geschieht durch die Arbeit mit Hindernissen, etwa mit dem «Stern» zur Verbesserung der Trittsicherheit. Sie fördert die Lernfähigkeit, baut Streß ab, verbessert die Koordination der Gliedmaßen und stärkt auch das Gleichgewichtsgefühl.

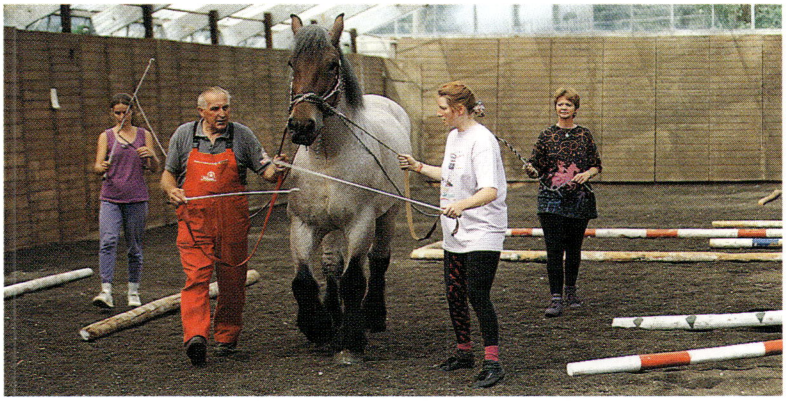

Oben: Im sogenannten «Stern» muß das Pferd genau hinschauen und die Distanz einschätzen, bevor es jeden einzelnen Fuß hebt und genau so weit vorsetzt, daß er zwischen den beweglichen Stangen sicher aufsetzt und keine ins Rollen bringt.
Mitte: Langsames Seitwärtstreten und Rückwärtsgehen fördern das Gleichgewichtsgefühl und die Koordination der Gliedmaßen.
Unten: Beim Fahren vom Boden aus gewöhnt sich das Pferd an die Berührung durch die Seile, was später, unter dem Reiter – etwa beim Touchieren eines Weidezauns oder beim Streifen tief hängender Äste –, Fluchtreaktion verhindern hilft. Außerdem lernt das Pferd in einem späteren Stadium der Übung, auch ohne Führperson neben seinem Kopf anzuhalten, zu wenden, rückwärts zu gehen oder geduldig auf weitere Signale zu warten.

Reiten ohne Risiko oder Vorbeugen ist besser als heilen

Nachdem du deine erste «Schnupperlehre» an der Longe absolviert hast und deine Schulkameraden es schon gar nicht mehr hören mögen, wie begeistert du davon bist, macht dir die Mutter eines Nachbarkindes ein verlockendes Angebot: Sie hätte von ihrer Tochter, die ja fast die gleiche Kleidergröße hat wie du, ein Paar Lederreitstiefel, eine dunkle Reithose und einen Reithelm günstig abzugeben – alles wie neu, da kaum getragen. Das wäre doch *die* Gelegenheit, dich für die ersten «richtigen» Reitstunden in der Bahn passend einzukleiden. Du begreifst nur eines überhaupt nicht: Wie in aller Welt kann sich jemand in deinem Alter von so wertvollen Sachen trennen, die ja, wie du gehört hast, zum Reiten unentbehrlich sind!

Leider ist eine solche Situation nicht so selten, daß nämlich ein junger Reiter, der gerade erst mit diesem faszinierenden Sport Bekanntschaft gemacht hat, die Zügel enttäuscht wieder aus der Hand gibt. Würdest du die «Aussteigerin» nach ihren Gründen fragen, erzählte sie vielleicht folgendes: Da waren zu Beginn jeder Reitstunde immer diese Bauchschmerzen, weil sie fürchtete, jenes Pferd zugeteilt zu bekommen, das den Ruf hatte, jeden Anfänger beim Galoppieren aus dem Sattel zu schleudern. Daß sie von älteren Kindern Schauergeschichten von wilden Ausritten ins Gelände gehört habe und ihr danach einfach der Mut zum Weitermachen gefehlt habe. Das ist schade und müßte eigentlich nicht sein! Mit Mut hat Reiten nämlich sehr wenig zu tun, um so mehr aber mit Können, Rücksicht, Anstand und Sicherheit. Natürlich ist beim Reiten immer auch ein Risiko dabei, denn schließlich begegnen sich dabei zwei ganz unterschiedliche Lebewesen, die oft nicht gleicher Meinung sind. Aber man kann dieses Risiko auf ein Mindestmaß herunterschrauben und lernen, in jeder Situation vernünftig mit dem Pferd umzugehen.

Reiten in der Bahn Sicherheit fängt schon in der Reithalle an. Damit es beim Unterricht oder während der freien Hallenbenützung zu keinem Durcheinander kommt, gilt es, bestimmte Regeln zu beachten. Schon beim Eintritt in die Halle erkundigt man sich vor der geschlossenen Türe mit lauter Stimme, ob der Eingang frei sei. Erst wenn dies bejaht wird, geht man mit seinem Reittier in die Halle, und zwar gleich in die Mitte, so daß die andern am wenigsten gestört werden. Eine Gruppe, die Unterricht erhält, hat gegenüber Einzelreitern den Vortritt. Wenn die Gruppe also direkt an der Bande reitet, hat sie den sogenannten «Hufschlag» frei. Einzeln Übende müssen gegen das Halleninnere ausweichen. Generell Anspruch auf den Hufschlag haben Reiter, die sich «auf der linken Hand» befinden (d. h. im Gegenuhrzeigersinn reiten), traben, galoppieren oder die ganze Bahn in Anspruch nehmen. Wer sich «auf der rechten Hand» befindet (d. h. im Sinne des Uhrzeigers reitet), anhält oder Volten und Wendungen einübt, hat solchen Reiterpaaren Platz zu machen. Reiten alle in der gleichen Richtung und möchte einer der Reiter die andern in einer schnelleren Gangart überholen, so weicht er nach innen aus und gibt dabei acht, niemandem zu nahe zu kommen oder beim Wiedereinbiegen auf den Hufschlag den Weg abzuschneiden. Die Reithalle ist ein Ort zum Lernen und Üben; deshalb sollte man sich darin ruhig verhalten und die andern nicht in ihrer Konzentration stören.

Reiten im Gelände Hinaus ins Freie möchte jeder Anfänger am liebsten schon in der ersten Stunde. Wer sich nach vielen Stunden in der Halle zwar sicher fühlt, sich aber vor dem Ritt draußen noch fürchtet, soll das sagen können, ohne von den andern ausgelacht zu werden. Angst als ständiger Begleiter ist beim Reiten hinderlich; hingegen empfiehlt sich erhöhte Vorsicht. Denn im Freien stürmen viele Eindrücke auf Pferd und Reiter ein: das Rauschen des Windes in den Bäumen, das Bellen von Hunden, der Motorenlärm von Autos und Traktoren, das Bimmeln von Kuhglocken, die Schritte der Fußgänger, ein flatternder Plastiksack am Boden, das Schreien eines Kindes im Wagen usw. Kein Wunder, daß Pferde dabei schnell einmal scheuen. Gibt man ihnen Zeit und Gelegenheit, sich mit all dem Neuen vertraut zu machen, lernen sie schnell, in fast allen Situationen ihre Ruhe zu bewahren.

So gewöhnte sich mein Pferd *Juanito* nach seiner Umsiedlung von der Camargue in die Schweiz sehr schnell an den Offenstall und den Reitplatz. Aber kaum wollte ich einen kleinen Ausflug ins Gelände unternehmen, begannen

Den Helm braucht's nicht nur auf dem Mofa – zum Reiten im Gelände ist er genau so wichtig.

die Schwierigkeiten. *Juanito* hatte vor allem Angst, und mir schlotterten die Knie beim Gedanken, daß er in seiner Panik durchbrennen könnte. Schließlich lösten wir das Problem gemeinsam: Ich führte *Juanito* stundenlang spazieren und ließ ihn alles Fremde beschnuppern und beriechen. So lernte ich die Passagen kennen, vor denen er Angst hatte, und die Art, wie ich ihn beruhigen und ihm Vertrauen einflößen konnte. Bei jedem folgenden Ausritt, zuerst in Gesellschaft eines ruhigen Pferdekollegen, danach auch alleine, bauten wir weiter unsere Ängste ab. Es ist keine Schande, Angst zu empfinden. Besser als die Zähne zusammenzubeißen, alle Muskeln anzuspannen und damit dem Pferd zu verstehen geben, daß etwas Gefährliches im Anzug ist, ist es allemal, erst einmal abzusteigen und sich die Sache selbst aus der Nähe zu betrachten.

Auf jeden Fall vom Pferd steigen mußt du bei Unterführungen, vor schmalen Brücken sowie auf steilen oder rutschigen Wegen. Beim Reiten bergaufwärts entlastet man die stemmenden Hinterbeine des Pferdes durch ein leichtes Sich-nach-vorn-Neigen, indem man dem Pferd die Zügel freigibt und gegebenenfalls in die Mähne oder mit einer Hand um den Hals des Tieres greift. Reitet man bergab, sollte man sich nicht nach hinten beugen, wie man das oft sieht, sondern fest senkrecht oder leicht nach vorne geneigt im Sattel sitzen. Abfallende Strecken sollten immer geradeaus, nie schräg angeritten werden; hier besteht die Gefahr des Abrutschens. Im Gelände wird generell im leichten Sitz geritten. Das heißt aber nicht, in den Steigbügeln zu stehen und sich zu freuen, daß man die unangenehmen Stöße beim Traben nicht mehr spürt. Das Gesäß soll beim Reiten niemals ganz ohne Verbindung zum Sattel sein, denn bei einer nötigen Parade soll man leicht und *mit* der Bewegung des Pferdes, *nicht gegen* sie, wieder einsitzen. Vieles von dem in der Bahn Gelernten kannst du im Gelände wiederholen: abwechselnd Links- und Rechtsgalopp verlangen, bei längerem Leichttraben zwischendurch den Moment des Einsitzens verschieben, das heißt vom inneren Hinter- zum inneren Vorderfuß wechseln. Im Wald zwischen den Bäumen einen kleinen Slalom reiten (aber nur, wenn der Boden frei von Pflanzenwuchs ist), kleine Hindernisse als Cavalettis benützen usw.

Du solltest nur alleine ausreiten, wenn du dich sicher fühlst. Dein Pferd

Reitverbote muß man beachten, denn – meistens – haben sie einen Sinn.

wird dies spüren. Versuche die Gangarten zu wechseln, ohne daß dein Pferd es einfach den Vordertieren nachmachen kann. Reitest du in der Gruppe, so soll ein ruhiges Pferd an der Spitze gehen, während temperamentvollere folgen; ängstliche Tiere gehören in die Mitte einer Reitergruppe. Den Abschluß macht wieder ein Pferd mit ruhigem Charakter. Überholen ohne ersichtlichen Grund oder ohne Vorwarnung ist unhöflich und kann auch gefährlich werden, wenn die Tiere auszuschlagen beginnen. Pferde haben eine Rangordnung, die du auch beim Reiten beachten solltest: also nicht zu nahe aufschließen und auch keine Wettrennen veranstalten!

In der Gruppe ist immer auf den schwächsten Reiter Rücksicht zu nehmen. Man läßt diesen nicht im Stich, wenn er aus irgendeinem Grund einen bestimmten Weg nicht einschlagen will oder lieber nicht galoppieren möchte. Es ist nämlich auch für einen geübten Reiter schwierig, sein Pferd von einer Gruppe wegzureiten oder im Schritt zu bleiben, wenn die andern davonbrausen. Der vorderste Reiter sollte sich immer wieder vergewissern, daß die andern nachzufolgen vermögen. Es ist gefährlich, ohne Ankündigung einen Tempowechsel vorzunehmen und nicht zu warten, bis alle dazu bereit sind, besonders wenn die vorderen Reiter beim Einbiegen auf eine geeignete Strecke einfach lostraben oder -galoppieren, während sich die hinteren noch auf einem asphaltierten Weg im Schritt befinden oder ihnen die Sicht auf die vorderen durch Bäume, Hecken oder Hindernisse verdeckt wird. Nichts verleitet Pferde so sehr zum besinnungslosen Nachmachen wie das Geräusch oder der Anblick von davonstürmenden Artgenossen. Die Gesundheit des Pferdes sollte jedem soviel wert sein, daß ein Galopp nur auf trockenen und gesicherten Wegen in Frage kommt. Respekt vor dem Eigentum und der Arbeit von Bauern und Förstern hilft zudem verhindern, daß immer mehr Tafeln mit Reitverboten in der Landschaft aufgestellt werden müssen. Frisch angesäte Felder, eine Heuwiese oder Stellen mit Jungwuchs im Wald werden von rücksichtsvollen Reitern grundsätzlich nicht begangen. Beim Anblick von Wildtieren ist in den Schritt zu parieren und so zu reiten, daß diese nicht gestört werden. Die wildlebenden Tiere unserer Wälder fliehen zwar vor einem Pferd seltener als beim Anblick von Spaziergängern, doch sind sie durch die große Zahl von Erholungsuchenden in ihrem Lebensraum schon genug gestreßt.

FRANZ FREI · ZOLLIKON ZH

Gegen die Monotonie Wer im Umgang mit dem Pferd und beim Reiten für Abwechslung sorgt, erhöht für sich und seinen Partner die Sicherheit. Kommen bei einem Pferd Langeweile und Überdruß auf, verliert es auch bald seinen Schwung und seine Leistungsbereitschaft. Jede Lektion, die wir verlangen, sei es in der Dressur oder beim Springen, muß dann gegen den Widerstand des Pferdes durchgesetzt werden. Das ist ein sinnloses und erst noch gefährliches Unterfangen: Das Pferd wird seine Muskeln versteifen, statt sie zu lockern, vor einem Hindernis auf die Seite springen oder den Sprung brüsk verweigern. Die Arbeit sollte allen Beteiligten Freude bereiten; es ist besser, eine Übung abzubrechen, wenn das Pferd genug davon hat. Klappt es mit einer schwierigen Aufgabe nicht, empfiehlt es sich manchmal, statt dessen etwas Leichteres zu üben und das Pferd für seinen Einsatz ausgiebig zu loben. Beim nächsten Mal geht es dann bestimmt besser.

Frage dich immer wieder, was du heute erreicht hast. War die Verständigung mit dem Reittier gut? Ist das Pferd zufrieden in den Stall zurückgekehrt? Du brauchst nur etwas Phantasie, um Abwechslung und damit neuen Schwung ins Programm zu bringen. Reite zum Beispiel im Gelände nicht immer dieselben Wege und trabe oder galoppiere nicht immer an denselben Stellen an. Pferde merken sich das sehr schnell und warten deine Hilfen nicht mehr ab, sondern stürmen schon vorher los. Sind sie dagegen im Ungewissen, was als nächstes verlangt wird, verhalten sie sich viel aufmerksamer: Sie stolpern nicht bei der kleinsten Unebenheit, schlurfen nicht träge dahin und werden nicht erst munter, wenn sie merken, daß es zurück in den Stall geht.

Es gibt so vieles, was du und dein Pferd gemeinsam unternehmen könnt: Spazierengehen, Freilaufen in der Halle oder auf dem Reitplatz. Longieren, Arbeiten an der Hand und – nicht zu vergessen – das Mitführen als Handpferd. Bist du krank oder weilst du in den Ferien, kann jemand anderer dein Pferd bewegen und ihm – ohne das Gewicht des Reiters und doch in Pferdegesellschaft – einen tollen Ausflug bieten.

Immer nur arbeiten macht keinen Spaß, und Pausen sind auch für Pferde wichtig. Das Stehen im Stall bietet einem Pferd allerdings keine Erholung, im Gegenteil. Bestens entspannen und neue Kräfte sammeln kann es nach getaner Arbeit bei einem Auslauf auf der Weide, nach Möglichkeit mit andern Pferden zusammen, bei längerem Reiten im Schritt am langen Zügel im Gelände, bei kleinen Klettereien oder auch bei einem ruhigen Galopp, der die von der Arbeit vielleicht noch übriggebliebene Anspannung vergessen läßt.

Transport Wer das Glück hat, mit Hilfe eines Pferdetransporters immer wieder neue Landschaften entdecken zu können, oder wer an Turnieren oder Reitspielen teilnimmt, sollte auch hier an die Sicherheit seines Tieres denken. Auf der Reise sollten Pferde zugedeckt werden, denn ein offenes Heck im Anhänger bringt immer auch Zugluft mit sich. Durch das Anlegen spezieller Transportgamaschen wird die Gefahr vermindert, daß es bei unruhigen Pferden oder bei brüsken Bremsmanövern zu Verletzungen an Beinen, Kronrändern oder Ballen kommt. Sattel und Zaumzeug müssen während der Fahrt abgelegt sein; sinnvoll ist ein solides Stallhalfter. Das Verladen sollte ruhig vor sich gehen, um die Pferde vor dem Transport nicht unnötig in Aufregung zu versetzen. Für die Tiere ist die Fahrt im Anhänger anstrengend: In jeder Kurve, beim Beschleunigen und Abbremsen müssen sie ihren ganzen Körper ausbalancieren. Am Ende eines besonders ruhigen Transportes sollte man die Pferde sanft wecken und ihnen nach dem Ausladen genug Zeit geben, sich an die neue Umgebung zu gewöhnen. Bevor du also losreitest, bürste vielleicht erst einmal dein Pferd, führe es am Halfter herum oder reite es im Schritt. Je besser seine Erfahrungen bei Verlad und Transport sind, desto williger und problemloser läßt es sich beim nächsten Mal auf einen Ausflug mitführen.

Verkehrsregeln Im Straßenverkehr solltest du grundsätzlich im Schritt und auf der rechten Straßenseite reiten. Dies gilt auch, wenn du dein Pferd am Zügel führst. In der Gruppe reitet man nur hintereinander und mit einem Sicherheitsabstand von einer Körperlänge. Muß die Straßenseite gewechselt werden, so tun dies alle auf ein Zeichen des vordersten Reiters hin gleichzeitig und unter Wahrung des Mindestabstandes. Beim gruppenweisen Überqueren der Fahrbahn ist darauf zu achten, daß die Lücke im Verkehrsfluß genügend groß ist, damit alle gefahrlos hinübergelangen. Die Abstände zwischen den einzel-

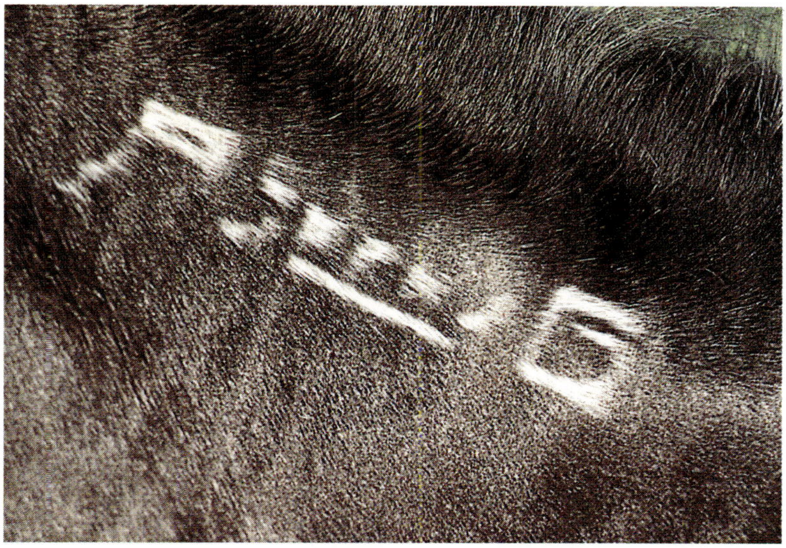

Pferde kann man an einer ganzen Reihe von Merkmalen voneinander unterscheiden; höchst selten sehen zwei Exemplare genau gleich aus. Dennoch werden viele Pferde gekennzeichnet. Bei Arabern zum Beispiel bringt man mit einem tiefgekühlten Gerät einen Kaltbrand an. An der Stelle des «Brandzeichens» wachsen weiße Haare, ähnlich wie bei einem Satteldruck. Das Zeichen stellt einen Code dar, der auch im Pferdepaß eingetragen ist (oberes Bild). Mit einem heißen Eisen werden Stall- oder Zuchtbrände auf die Haut geprägt (unten). Vor allem bei Rennpferden werden Erkennungsnummern auf die Innenseite der Lippen tätowiert.

MILLIONEN-SCHWERE PFERDE

In Roswell, New Mexico, besuchten wir eine Pferdezüchterin, die soeben einen Quarter-Zuchthengst vom Renntyp gekauft hatte. Die Dame meinte, sie habe vielleicht doch etwas viel für das Pferd bezahlt: 10 Mio Dollar! Immerhin hatte Robert Sangster an der Vollblut-Jährlingsauktion am 20. Juli 1981 in Kentucky, USA, für ein einjähriges Pferd schon 3,5 Mio Dollar hingeblättert. Der Jährling hatte sehr wenig «vorzuweisen», nur einen sehr berühmten Vater: **Northern Dancer.** Aber das teuerste Pferd ist und bleibt **Easy Jet**, 1967 geboren und 1969 Sieger der All American Futurity. Er wurde im Oktober 1980 von einem Syndikat (einer Art Aktiengesellschaft) für 30 Mio Dollar erworben — Nina hat ausgerechnet, daß man mit dem Geld statt dessen etwa sechstausend Ponys zu durchschnittlich siebentausend Schweizer Franken hätte kaufen können . . .

nen Pferden sollten nicht so groß sein, daß Autofahrer oder andere Verkehrsteilnehmer sich ermuntert fühlen, zwischen der Gruppe durchzufahren – zum Halten gezwungene und zurückgebliebene Pferde können leicht unruhig werden. In der Dämmerung oder in der Nacht ist auf der Straße oder in deren Nähe besondere Aufmerksamkeit angebracht. Reflektierende Gamaschen an allen vier Beinen sowie eine nach vorne weiß und nach hinten rot leuchtende Lampe für den Reiter, an Stiefel oder Ärmel befestigt, sind – wenigstens in der Schweiz – vorgeschrieben!

Verantwortung tragen Das Abschließen einer Unfall- und einer Haftpflichtversicherung sollte für jeden Reiter eigentlich selbstverständlich sein.

Wer sich für Reitstunden einschreibt, mit Mietpferden ausreitet oder auch nur das Pony der besten Freundin während deren Ferien etwas bewegen darf, tut gut daran, sich zu erkundigen, wer im Falle eines Unfalls für den Schaden zur Rechenschaft gezogen wird. Bei einem Unfall kannst du selbst verletzt werden, etwa wenn du stürzest und dir den Arm brichst. Gegen solche Risiken solltest du dich mit einer *Unfallversicherung* absichern. Dies genügt jedoch nicht, wenn sich auch das Pferd verletzt. Jeder verantwortungsbewußte Pferdebesitzer schließt deshalb für sein Tier eine *Sachversicherung* (Pferde zählen – rechtlich gesehen – zu den Sachen) ab, die für die Kosten von Tierarzt und Medikamenten aufkommt. Bei einem Unfall können auch weitere Personen zu Schaden kommen: Stell dir vor, dein Pferd rammt einen Fußgänger oder verleitet einen Autofahrer zu einem riskanten Ausweichmanöver, wodurch ein Radfahrer auf der andern Straßenseite stürzt und sich ein Bein bricht.

Schäden an Drittpersonen oder an deren Eigentum übernimmt die *Haftpflichtversicherung*. Grundsätzlich ist der Eigentümer des Pferdes dafür verantwortlich. Aber von dem Moment an, wo du ein Pferd ausleihst und es in deine Obhut nimmst, trägst du einen Teil dieser Verantwortung! Schließe deshalb auch als Reiter eine Haftpflichtversicherung ab, damit du gegen solche Schäden wenigstens finanziell abgesichert bist. Auch wenn der Besitzer deines Reitpferdes eine noch so gute Versicherung abgeschlossen hat, zahlt die betreffende Gesellschaft nicht oder nur beschränkt, wenn du die Verkehrsregeln mißachtest, grobe Fehler begehst oder dich und dein Pferd wissentlich oder grobfahrlässig in Gefahr bringst. Natürlich wird auch deine Versicherungsgesellschaft nach einem Unfall genau abklären, ob du dich vernünftig verhalten hast.

Und vergiß nicht: Kluge Köpfe schützen sich – mit einem gutsitzenden Reithelm.

So ein Dreikäsehoch auf dem Pferderücken sieht zwar ganz lustig aus, aber um richtig zu reiten, ist er natürlich noch viel zu klein. Für einen sicheren Sitz sind ganz einfach die Beine zu kurz. So um zehn Jahre alt muß ein Kind schon sein, bis es ernsthaft ans Reiten denken darf.

Vom Fohlen zum Pferd

Es gibt Erlebnisse, die einem für alle Zeiten in den Knochen sitzenbleiben. So werde ich nie den ersten Anblick einer Pferdepaarung auf einem Vollblutgestüt in Irland vergessen – es hätte sich ebensogut in einem anderen Gestüt in Europa oder in Amerika abspielen können, denn diese mittelalterliche Methode ist heute noch stark verbreitet.

Und so sah das aus: Zuerst wurden der Stute die Hinterbeine mit Seilen so gefesselt, daß sie nicht mehr ausschlagen konnte. Dann wurde ihr eine an einem kleinen Stock befestigte Seilschlaufe um den vorderen Teil der Nüstern gelegt, eine sogenannte Nasenbremse.

Junghengste üben sich in spielerischen Zweikämpfen – bei ausgewachsenen Hengsten allerdings kann daraus blutiger Ernst werden.

Jetzt wurde der Hengst in den Stall geführt. Zwei Männer führten ihn von hinten an die Stute heran. Er schnupperte mit wachsender Erregung, hob flehmend den Kopf und bestieg wenig später die Stute, um sich mit ihr zu verpaaren. Nach wenigen Minuten war die ganze «Hochzeit» vorbei; es sah eher wie ein Gewaltakt aus. Unglaublich, was sich Pferde alles gefallen lassen müssen!

Wie so völlig anders spielt sich die Pferdepaarung unter natürlichen Bedingungen ab! Da kann man wirklich von *Hochzeit* sprechen, von der *hohen Zeit* im Jahresablauf der Tiere. Während Wochen geht es in der Herde sehr lebhaft zu und her. Ständig ist der Hengst auf der Hut, umtrabt seine Stuten und behütet sie eifersüchtig vor Rivalen. Stets muß er mit dem Auftauchen eines Junghengstes rechnen, der noch allein ist, sich aber bereits stark genug fühlt, um einen eigenen «Harem» zu erobern. Mit imposantem Getue, den Hals hochgewölbt, um möglichst groß und stark zu erscheinen, versucht er den Nebenbuhler einzuschüchtern – was nicht immer gelingt. Dann setzt es eine handfeste Keilerei ab, bis klar ist, wer der Stärkere ist.

In dieser Zeit bringen die Stuten ihre Fohlen zur Welt. Etwa zehn Tage nach dem Gebären werden sie *rossig*, das heißt, sie können während einer kurzen Zeit von etwa fünf bis acht Tagen befruchtet werden und sind dadurch auch bereit, sich mit dem Hengst auf eine Paarung einzulassen. Für den Hengst gilt es also, mit sicherem Instinkt und vor allem durch den scharfen Geruchssinn geleitet, bei jeder Stute

den richtigen Zeitpunkt für die Paarungen herauszufinden. Dauernd ist er damit beschäftigt, um die eine oder andere seiner Stuten zu werben. In federndem Trab umtänzelt er sie, mit gebogenem Hals und hochgestelltem Schweif, als wüßte er ganz genau, wie prächtig er dabei aussieht. Immer wieder nähert er sich der Auserwählten, beschnuppert sie, «kneift» sie zärtlich mit den Zähnen, bis sie endlich bereit ist für den Paarungsakt.

Das ganze komplizierte Paarungsritual gehört zum Leben der Pferde wie Essen und Trinken. Und es hat zur Folge, daß weit über neunzig Prozent der gedeckten Stuten befruchtet werden. Mit der eingangs beschriebenen Methode hingegen, bei der die Paarung nur noch ein mechanischer Vorgang ist, werden in der Regel nur zwischen fünfzig und sechzig Prozent der gedeckten Stuten trächtig.

Warum macht man es denn nicht anders, wirst du nun fragen. Pferdezüchter sagen dazu meistens, bei der freien Paarung sei die Verletzungsgefahr für den Hengst zu groß. Zugegeben, es ist möglich, daß eine Stute, die noch nicht paarungsbereit ist und von einem Hengst belästigt wird, auskeilt und dem Hengst eine Schramme zufügt. Hat man aber vorher bei der Stute die Hufeisen entfernt, ist die Gefahr einer ernsteren Verletzung außerordentlich gering.

Links: In der Natur gehört das Imponiergehabe zum Paarungsritual der Pferde.
Unten: In den ersten Lebenswochen ist das Fohlen sehr eng an die Mutter gebunden. Erst später nimmt es verstärkt mit Gleichaltrigen Kontakt auf.

Wir kennen eine ganze Anzahl Züchter, die seit Jahren den Hengst und die zu deckenden Stuten während der Paarungszeit frei auf der Weide laufen lassen und dabei nur gute Erfahrungen gemacht haben. Nahezu jede Stute wird trächtig – und darüber hinaus sind alle Beteiligten, die Stuten und der Hengst, offensichtlich viel zufriedener und ausgeglichener und damit auch umgänglicher gegenüber dem Menschen. Eigentlich ist das ja völlig logisch.

Die Menschen versuchen immer und immer wieder, die Natur zu überlisten, obschon wir inzwischen längst gelernt haben sollten, daß dies auf Dauer fast immer schief geht. Pferdezüchter unterbinden nicht nur das natürliche Paarungsverhalten, sondern mißachten auch noch sehr oft die natürliche Paarungszeit. Angefangen mit diesem Unsinn haben die Engländer schon im Jahre 1823. Weil die natürliche Geburtszeit der Fohlen mit dem Saisonbeginn der Flachrennen zusammenfiel,

DIE NASENBREMSE

Dieses Instrument besteht aus einer Seilschlaufe an einem kurzen Stock, die um den vorderen Teil der Nüstern gelegt und angezogen wird. Früher sprach man von einem «Ablenkungsschmerz», das heißt, man glaubte, mit dem an den Nüstern verursachten Schmerz das Pferd von etwas Unangenehmen abzulenken. Inzwischen weiß man aber mehr darüber: In der Oberlippe des Pferdes sitzen überaus zahlreiche feine Nerven. Wenn nun diese Partie durch eine Nasenbremse zusammengepreßt wird, regt das offenbar im Gehirn die Ausschüttung von bestimmten Stoffen an, den sogenannten «Endorphinen». Diese vermindern die Schmerzempfindlichkeit und bewirken eine Art Trancezustand — die Pferde sind gewissermaßen «high». Richtig eingesetzt ist die Nasenbremse eine durchaus sinnvolle Vorrichtung, zum Beispiel bei der Versorgung einer schmerzhaften Wunde.

Der Decktermin der Stuten sollte – wie in der Natur – immer so gewählt werden, daß die Fohlen im Frühling zur Welt kommen und vom ersten Lebenstag an möglichst viel im Freien sein können. So ist eine gesunde Entwicklung gewährleistet.

verschob der englische Jockey-Club – das ist der Verband, der unter anderem auch die Vollblutzucht kontrolliert – die Geburtszeit auf Anfang Januar. Hengste sind nämlich während des ganzen Jahres zeugungsfähig, und die Stuten sind in der Regel alle drei Wochen paarungsbereit, wenn sie nicht tragen. Die Fruchtbarkeit ist zwar im Winter kleiner als im Frühling, aber da kann man nachhelfen: Man beheizt die Ställe, verlängert durch elektrisches Licht den Tag und täuscht mit eiweißreichem Futter die Qualität von Frühlingsgras vor. Die Stuten werden also gegen Ende Januar gedeckt und bringen rund 340 Tage später, in der ersten Januarhälfte des nächsten Jahres, die Fohlen zur Welt. Diese müssen ihre ersten Lebensmonate im Stall verbringen – kein Wunder, daß sich so viele Fohlen ungünstig entwickeln, häufig kränkeln

und den Tierarzt brauchen. Stallstaub und Ammoniakdünste schaden ihnen, und es fehlt ihnen genügend Bewegung und das eiweißreiche Frühlingsgras.

In der Natur dauert die Paarungszeit vom März bis Ende August. Bei in Freiheit oder auf Wildgestüten lebenden Pferden werden praktisch alle Stuten in dieser Zeit befruchtet. Wenn gut elf Monate später die Fohlen zur Welt kommen, beginnt die warme Jahreszeit, und es gibt junges Gras in Hülle und Fülle, die beste Nahrung für Fohlen und für säugende Stuten. Der Aufenthalt auf der Weide ist außerdem notwendig für die Bewegung der Fohlen. Die Jungtiere müssen so ausgiebig wie nur möglich herumtollen können. Nur so ist die gesunde Entwicklung von Knochen, Muskeln, Sehnen und aller inneren Organe möglich. Nur so wachsen gesunde Pferde heran.

PFERDE

Die Pferde teilt man
allerorten geschlechtsspezifisch
in drei Sorten: Der **Hengst** ist, wie man
sehen kann, ganz zweifellos der
Pferdemann.
Die **Stute** ist nach Körperbau, und weil
was fehlt, die Pferdefrau.
Der **Wallach** kommt als
Hengst zur Welt. Der Mensch hat aber
festgestellt, daß Hengste williger
parieren, wenn
sie die Männlichkeit verlieren und auch
punkto «Weibersachen» nicht immer
wieder Wirbel machen!
Nimmt man an spezieller Stelle dem
Hengst die Lust- und Freudenquelle,
so sind ihm Stuten völlig wurst,
weshalb er, mangels Liebeslust,
ganz im Unterschied zum
Menschenmann ohne Sünde
leben kann.

Nun denke aber nur nicht, daß die Vollblutzüchter die einzigen sind, die glauben, es besser zu machen als die Natur. Für viele Rassen, auch für Ponys, finden im Herbst Fohlenschauen und -auktionen statt. Damit die Fohlen zu diesem Zeitpunkt möglichst groß sind, werden die Stuten sehr oft schon im Februar gedeckt. Also auch bei anderen Rassen stehen die Fohlen zuerst monatelang im Stall, bis sie endlich auf der Weide herumtollen können.

Fohlen gehören zum Entzückendsten, was man sich nur vorstellen kann, – jedenfalls wenn man wie du und ich ein Pferdenarr ist. Möchtest du nicht auch liebend gern einmal ein Fohlen aufziehen? Aber bevor du diese prächtige Idee in die Tat umsetzt und für deine Stute einen Hengst suchst, mußt du dir unbedingt ein paar Dinge durch den Kopf gehen lassen. Züchten heißt vor allem einmal, Verantwortung zu übernehmen. Erst wenn eine Reihe von Bedingungen erfüllt ist, darfst du diesen Schritt wagen. Als erstes braucht es viel praktische Erfahrung mit Pferden. Nur so ist es möglich, das Wohlbefinden von Stuten und Fohlen zu überwachen. Zudem sollte ein Fohlen nie allein aufwachsen. Es muß sich mit Gleichalt-

In den ersten Lebenswochen ist die Muttermilch die wichtigste Nahrung.

rigen austoben und auseinandersetzen können. Das ist nicht nur für die körperliche Entwicklung wichtig, sondern auch für das Sozialverhalten. Aus Einzelfohlen werden in aller Regel Problempferde. Dann braucht es eine Menge Weideland. Hochtragende sowie säugende Stuten und Fohlen sollten wenigstens während zwölf Stunden am Tag weiden können.

Schließlich bedeutet Züchten nicht einfach «Pferde produzieren». Nur eine Stute, die korrekt gebaut, charakterlich einwandfrei ist und von einer Zuchtkommission geprüft ist («angekört» heißt das in der Fachsprache), sollte gedeckt werden, und selbstverständlich kommt dafür nur ein einwandfreier, ebenfalls gekörter Hengst in Frage.

Wenn du diese Voraussetzungen nicht erfüllen kannst, laß lieber die Finger weg vom Züchten. Es ist ja durchaus möglich, daß du später im Leben noch Gelegenheit dazu hast. Und im richtigen Rahmen wirst du um so mehr Freude erleben!

Im Herbst werden die meisten Fohlen abgesetzt; sie müssen schon bald die Mutter verlassen. Vor allem für die Entwicklung des Sozialverhaltens ist es von Vorteil, wenn sie mit Gleichaltrigen auf einer Fohlenweide aufwachsen.

Pferdemäßig ausgedrückt

Wie stark das Pferd die deutsche Sprache mitgeprägt hat, kannst du aus den folgenden Redewendungen und Ausdrücken ersehen:

den Amtsschimmel reiten	die Dienstvorschriften übertrieben genau einhalten
der Amtsschimmel wiehert	es herrscht Bürokratismus!
das hält ja kein Pferd aus!	das ist unerträglich!
ich denke, mich tritt ein Pferd!	das überrascht mich sehr!
man hat schon Pferde kotzen sehen	nichts ist unmöglich*
immer sachte mit den jungen Pferden!	nicht so heftig, voreilig!
das beste Pferd im Stall	der tüchtigste Mitarbeiter
wie ein Pferd arbeiten	schwer arbeiten und sich selbst unermüdlich zeigen
keine zehn Pferde bringen mich dazu	ich tue etwas unter keinen Umständen
ihm sind die Pferde durchgegangen	er hat die Selbstbeherrschung verloren
die Pferde scheu machen	für Unruhe, Aufregung sorgen
das Pferd beim Schwanz aufzäumen	eine Aufgabe, Arbeit verkehrt anpacken
mit jemanden Pferde stehlen können	alles mit einem Freund, Partner zusammen wagen können
aufs falsche/richtige Pferd setzen	die Lage falsch/richtig einschätzen
da muß ja ein Pferd lachen	etwas ist besonders unglaubhaft
jemand hat ein Pferdegebiß	jemand hat auffallend große, lange Zähne
er ist ein Pferdenarr	er begeistert sich für Pferde und opfert dafür Zeit und Geld
sie hat eine Pferdenatur	sie hat eine besonders robuste Konstitution
auf Schusters Rappen	zu Fuß
auf dem/seinem hohen Roß sitzen	hochmütig, überheblich sein
sich aufs hohe Roß setzen	eine hochmütige, überhebliche Haltung einnehmen
vom hohen Roß herunterkommen	seine hochmütige, überhebliche Haltung aufgeben
einem geschenkten Gaul schaut man nicht ins Maul	mit einem Geschenk soll man, so wie es ist, zufrieden sein**
jemandem zureden wie einem lahmen Gaul	jemandem auf eindringliche Weise gut zureden

Vielleicht fallen dir noch andere Beispiele ein. Wenn dir das Spiel mit Worten und Buchstaben Spaß macht, dann versuche doch einmal das Rätsel auf der nächsten Seite zu knacken.

* Der Ausdruck verrät insofern Pferdeverstand, als sich Pferde in Wirklichkeit gar nicht übergeben können (vgl. S. 90).

** Am Zustand des Gebisses kann man das Alter und den Zustand eines Pferdes erkennen. Deshalb versuchen Gauner manchmal, die Zähne eines Pferdes zu manipulieren.

Dieses Pferderätsel hat herzlich wenig mit richtigen Pferden zu tun

Trage die Antworten auf die folgenden Fragen mit Großbuchstaben in die vorgedruckten Felder ein. Das Symbol steht für «Pferd», «Pferde», «Roß» oder «Schimmel». Die Buchstaben in den fettgedruckten Kästchen ergeben – von oben nach unten gelesen – das Lösungswort dieses Pferderätsels.

1 Sehr unsanfte Art einer Krankheitsbehandlung.
2 Ein großes, hölzernes Pferd, das die alten Griechen zu einer Kriegslist benützten.
3 Großes, schwergewichtiges Säugetier afrikanischer Flüsse und Seen.
4 In aufrechter Haltung schwimmender, kleiner, pferdeähnlicher Meeresfisch.
5 Großes, fliegenartiges Insekt, das mit Vorliebe Pferde sticht.
6 Große Meeresbucht am antarktischen Festland.
7 Mit Leder überzogenes, gepolstertes Turngerät.
8 Für Menschen ungenießbare, nußähnliche Baumfrucht – in der grünen Fruchthülle sieht sie wie ein Igel aus.
9 Pedantischer Bürokratismus – mit diesem «weißen Pferd» hat niemand gern zu tun.
10 Hobby.
11 Meistens von Mädchen getragene Frisur.

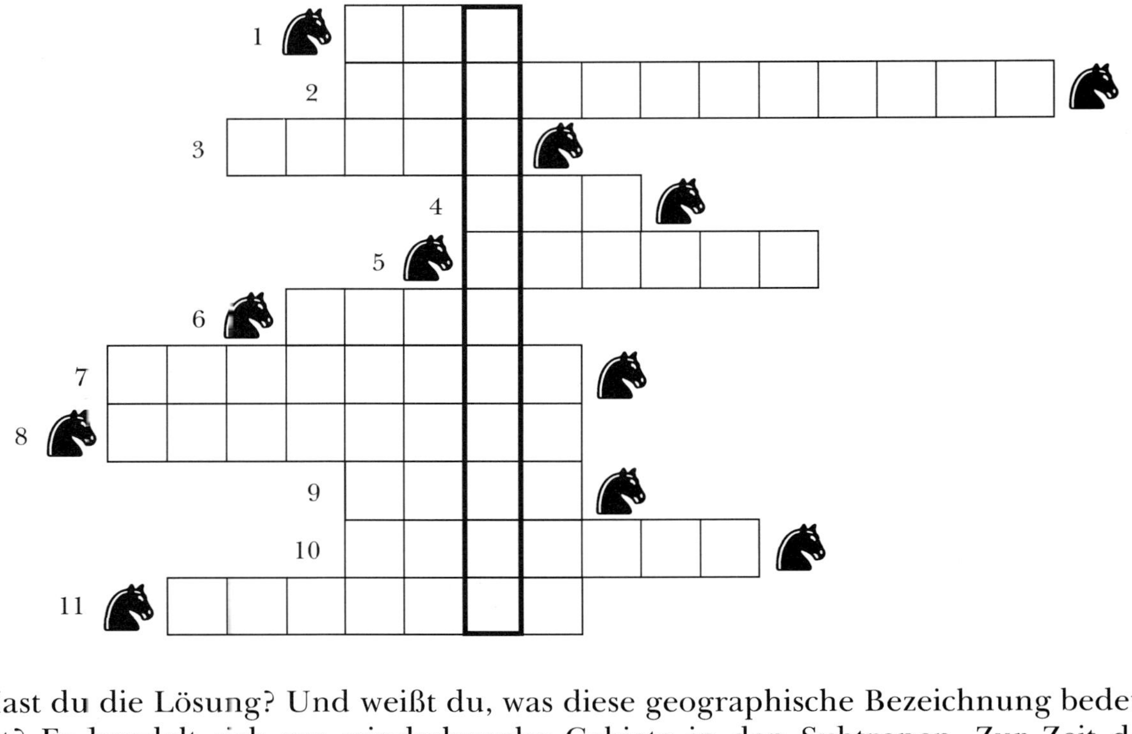

Hast du die Lösung? Und weißt du, was diese geographische Bezeichnung bedeutet? Es handelt sich um windschwache Gebiete in den Subtropen. Zur Zeit der Segelschiffahrt blieben hier während längeren Windflauten bisweilen Schiffe mit Pferden nach Südamerika so lange liegen, daß das Futter ausging und die Tiere verhungerten.

Das aufgelöste Rätsel findest du auf Seite 228.

Personen-, Pferde- und Sachwortverzeichnis

Quellennachweis

Fotos:
Foto-Agentur-Sutter Jacana & Explorer, Paris/Michel: 25ol/R. Sidney: 25or/Ph. Masse: 29mr
Archiv für Kunst und Geschichte, Berlin: 38–39
British Museum, London: 28–29, 30, 32, 33, 35
Severino Dahint/Naturhistorisches Museum Basel: 14–15
Pia Dähler: 110
Claudia Feh: 23, 44–45, 47, 50, 53or, 54–55, 58, 66, 69ur, 89, 219u
Istituto Scala, Florenz: 36
Fam. Koelliker: 6
Foto Löbl-Schleyer: 34
The Mansell Collection: 31
Sabine Meier: 10ur, 11u
Beatrice Michel: 37, 52–53, 59, 62, 88, 213, 219o
Eduard Rieben: 7ol
Tierspital Bern, Klinik für Nutztiere und Pferde: 191o, ml, m, 193, 194, 196, 199
Zefa/Dr. F. Sauer: 24
Alle übrigen Fotos stammen von Monika und Hans D. Dossenbach.
u: unten, m: Mitte, o: oben, l: links, r: rechts

Illustrationen:
John Michael Davis/Mitchell Beazley Int. Publishers: 92 (2, 3), 93 (4, 5, 7)
Hunt & Sons (1860): 41
Beatrice Michel: 96, 97, 137, 138, 148
Stefano Navarrini/Gambero Rosso: 87
Crispin de Passe (1622): 40
Derek St Romaine/Mitchell Beazley Int. Publishers: 92 (l), 93 (6, 8)
Ludovico Vartoman (1515): 26
Elisabeth Zellweger-Schroer: 17, 18, 19, 20, 21

Karikaturen:
Caspar Frei/PferdeSpiegel: 86, 170, mit freundlicher Genehmigung der Redaktion
Die Karikaturen auf den Seiten 94 und 168 wurden mit freundlicher Genehmigung des Tomus Verlags dem Buch «reiten» (V. Götzl/L. Sartin) entnommen, © 1990 Tomus Verlag, München
Die Karikaturen auf den Seiten 63, 182, 183o, 190 und 205 wurden mit freundlicher Genehmigung des Methuen Verlags den Werken «A Leg At Each Corner, Thelwell's Complete Guide To Equitation» und «Riding Academy» entnommen, © 1962, © 1963, 1964 by Methuen Int. Publishers, London

Auflösung des Pferdequiz auf den Seiten 42/43:
1 B, 2 A, 3 C, 4 F, 5 E, 6 D

Auflösung des Pferderätsels auf Seite 222:

ROSSKU**R**
TR**O**JANISCHES PFERD
FLUS**S**PFERD
SEEPFERD
PFERDE**B**REMSE
ROSSMEE**R**
PALSCH**E**NPFERD
ROSSKASTAN**I**E
AM**T**SSCHIMMEL
ST**E**CKENPFERD
PFERDESCHWA**N**Z

Im Bechtermünz Verlag ist außerdem erschienen

Lída Jahn-Mícek / Beatrice Michel
So leben die Pferde

ISBN 3-8289-1594-9
Best.-Nr. 623 355
24,0 x 30,0 cm
144 Seiten
DM 19,90.-

Den beiden Autorinnen, der Fotografin Lìda Jahn-Mìcek und der Zoologin Beatrice Michael ist nichts Pferdliches fremd. Die meisterhaften Bilder aus vielen Gegenden der Welt künden von derEleganz und Beweglichkeit, der unbändigen Kraft der Pferde, von ihrer Harmonie mit Landschaft und Vegetation, aber auch von ihrem wilden Kämpfertum, ihrer Härte und Unerbittlichkeit. Die Texte leuchten tief in die natürlichen Anlagen und Ordnungen der Tiere hinein.

Im Bechtermünz Verlag ist außerdem erschienen

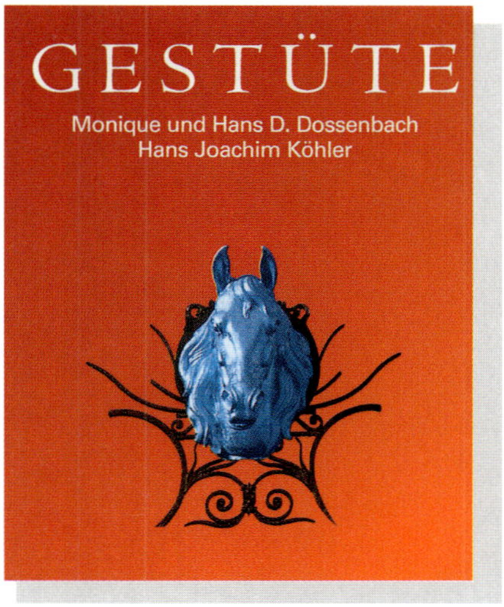

Monika u. Hans D. Dossenbach /
Hans Joachim Köhler
Gestüte

ISBN 3-8289-1586-8
Best.-Nr. 401 380
24,0 x 30,5 cm
283 Seiten
DM 29,90

Von einem solchen Werk konnten Pferdefreunde bisher nur träumen. Wenn Sie dieses Buch aufschlagen, sind Sie plötzlich unterwegs, von Skandinavien bis Spanien, von Irland bis in den Balkan, in die großen Pferdezuchtländer des ehemaligen Ostblocks, in den Orient, nach Australien, Neuseeland und Japan, in die USA und nach Südamerika. Entdecken Sie die berühmtesten Pferdezuchtstätten der Welt und die Palette der Pferderassen, legendäre Hengste und Stuten, altehrwürdige Bauten, großzügige moderne Gestütsdomizile inmitten der Weite vielfältiger Landschaften.
„Dieses herrliche Buch wird für jeden, dem Pferde etwas bedeuten, eine stetige Quelle genußreicher Unterhaltung und zuverlässiger Information sein."
S .K. H. Prinz Philip, Präsident der Féderation International Equestre.